[韩]郑世莲 著
程 匀 译

高效减脂

3日、5日排毒瘦身进阶计划

中国轻工业出版社

前 言

从 63 千克到 48 千克
我恢复到了
孕前的身材

没想到一直通过饮食和运动保持的好身材，在产后完全走了样。怀孕前拥有的马甲线消失不见了，我低头看到的仿佛不是自己的肚子。虽然身材的巨大变化让我有些不知所措，但对于当时的我来说，“至少要母乳喂养100天，集中精力做好产后康复”这两件事更为重要。所以我一边喂母乳，一边认真吃饭，并没有时间考虑身材的问题。

然而3个月过去了，看着一点儿都没瘦下去的肚子，我心里难免开始着急。肚子还像怀孕五六个月时那么大，皮肤也缺乏弹性，整个就像个泄了气的皮球。我不禁对自己是否还能瘦回以前的样子产生了疑问，特别是对于一个创作身材管理、运动塑身内容的健身博主来说，这种身材焦虑就变得愈发严重了。

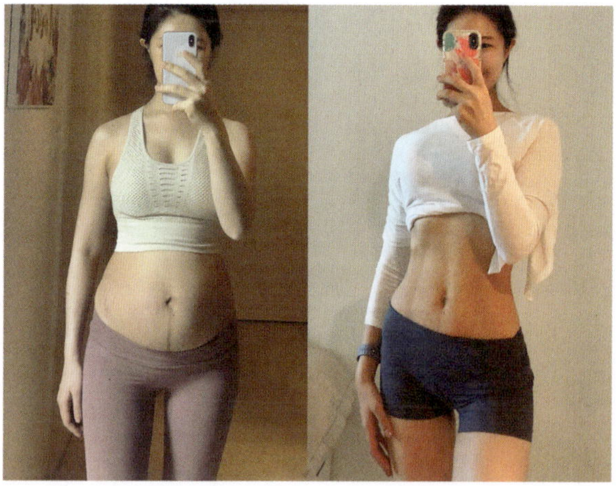

产后 3 个月　　→　　现在

因此，从孩子“百天”开始，我在体力允许的情况下，坚持每天进行1小时有氧运动（走路），产后瑜伽和拉伸也融入我每天的日常生活中。产后5个月，随着孩子开始断奶，我再次启用了瘦身食谱，并正式恢复孕前坚持多年的力量训练，开始执行排毒瘦身计划。

我平时是一个嘴馋而且特别喜欢饭后吃甜点的人，但这次我刻意不买任何点心或冰激凌等甜的零食，而是用各种健康食材填满冰箱。我知道自己是一个不能饿肚子，一饿就会找零食吃的人，所以必须确保自己每顿正餐都吃饱，吃的也必须是健康食材。与此同时，我还开始了间歇性断食。间歇性断食有助于提高人体新陈代谢，更快实现减重。我根据每天的育儿时间表，制订了符合自身情况的间歇性断食计划，即晚饭后不吃任何夜宵，到第二天的第一餐为止保持至少12小时空腹。我一直坚持执行这个计划。

孩子断奶后，我常常想念那些在怀孕和哺乳时特别想吃却一直不能吃的美食。但每当这种想法出现时，我就低头看看自己的肚子，来坚定减肥的决心。

就这样，通过运动、执行排毒瘦身食谱和间歇性断食这些方法，我只坚持了2个月就恢复到孕前的体重（63千克到48千克，共减重15千克）。第3个月之后，我的身材完全恢复至孕前了！

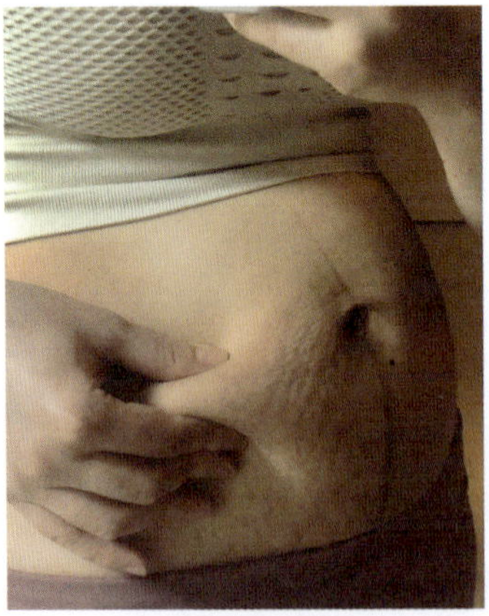

63 千克 → 48 千克

减肥
八分
靠饮食

如果拿速食和外卖等当正餐，或存在不科学的节食、暴饮暴食等不规律、不健康的饮食习惯，就算再努力运动，从长远来看也无法实现健康减肥的目的。

为方便读者在家中制作瘦身餐，本书介绍的排毒瘦身食谱最大限度地选用了便于在普通市场上买到的各类食材。

开始阶段不用急于求成，可以从每日三餐中选择一餐尝试，养成习惯后再逐渐增加瘦身餐的频次，执行3天或5天的排毒瘦身计划。

最开始你可能会觉得难以坚持，一旦养成了健康的进食习惯，身体会慢慢变得轻盈，整个人也会充满活力。如果能长期坚持下去，就能既吃到自己想吃的食物，又能维持窈窕的身材。

希望大家都能通过我介绍的排毒瘦身计划，“重置”食谱并配合运动，成为身心更加健康的人！我会为大家加油的！

向以下人士推荐本书——

不想“复胖”，想健康减肥的人；

不知道怎样制订瘦身餐计划的人；

工作繁忙，不想花太多时间又想实现健康饮食的人；

想排出体内日积月累的毒素的人；

营养过剩，体重过重的人；

想身心更健康的人。

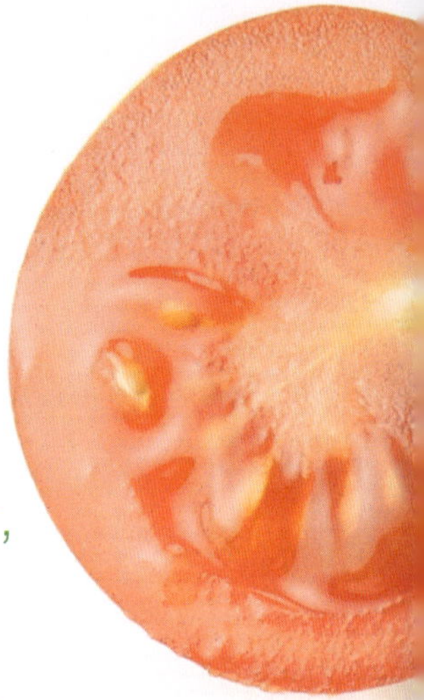

看到一盘由五颜六色的蔬菜制成的清爽沙拉时，

不但人的视觉会得到满足，

心里还会不由地产生“吃完会变健康”的想法，

获得正能量。

如果每天没有摄入一定量的蔬菜，

就无法达到人体所需膳食纤维的量。

另外，蔬菜的色素是一种天然食欲抑制剂，

还能防止餐后血糖快速上升，改善肠内环境，

对减肥和抗老也有帮助，

这样看来是不是应该每顿饭都吃点蔬菜呢？

[本书使用方法]

本书是特别为那些想改变现有不良饮食习惯、尝试排毒瘦身的人准备的轻食食谱书，每道食谱的制作方法既简单又快捷。

- 全书分为可以轻松开始尝试的 3 日排毒计划和 5 日排毒计划。
- 书中的排毒瘦身食谱是按一日三餐中的两餐制订的，建议大家可先从一日一餐开始尝试，形成习惯后再增加进食次数。一开始“用力过猛”是造成之后报复性饮食的主要原因。
- 每个排毒瘦身计划除食谱外，还增加了适合在家中练习的拉伸运动。饮食配合运动，效果加倍（为方便读者理解，拉伸动作说明页配了图片，但可能与实际有所区别，请仔细阅读每个动作的具体说明）。
- 不知道该购买什么食材，怎么搭配？本书特意选用了市场上的常见食材，只要按照书中介绍的食材去买就好了。
- 所有食谱都是 1 人份的量（2 ~ 3 人份会特别标出）。
- 搭配的沙拉酱是用健康的调味料调配而成，食谱里有详细介绍。
- 为了成功排毒瘦身，在执行瘦身计划期间，请不要吃夜宵或喝酒，特别应尽量避免摄入油炸食物和高糖食物，此外还要保证充足的睡眠。最终的瘦身成果会因个人体质、健康状态、饮食和运动的执行度而产生差异。
- 本书是以作者个人经验为基础编写而成，并非专业医疗书籍。

目 录

3days

3日排毒计划

3日排毒计划❶ 消除腹部赘肉

3日排毒计划❷ 消除腿部水肿

3日排毒计划❸ 打造纤细的腰线

3日排毒计划❹ 找回消失的下颌线

3日排毒计划❺ 让皮肤更有光泽

5日排毒计划

5日排毒计划❶ 快速燃烧脂肪

5日排毒计划❷ 减小腰围

5日排毒计划❸ 净化血液

5日排毒计划❹ 增长肌肉

5日排毒计划❺ 调节免疫力

5days

称量方法

1 大勺 =15 克

1 小勺 =5 克 / 少许

蔬菜切法

薄切法 将辣椒等食材切成薄圆片。

十字切法 适用于土豆、红薯、茄子等圆形蔬菜，横竖各切一刀。

细丝切法 将胡萝卜、黄瓜等蔬菜先切成五六厘米长的小段，再切成细丝。主要用于制作凉拌菜。

斜切法 将细长的食材斜切成片。

半月切法 将圆形蔬菜先竖着对半切开，再切成薄片。主要用于制作炒菜。

块切法 将土豆、胡萝卜等食材切成 2 厘米左右见方的小块。主要用于制作咖喱饭或炒饭。

转切法 将黄瓜或青椒的内瓤去掉，只切外皮。

碎切法 将葱、蒜、胡萝卜等切成小丁或碎末。

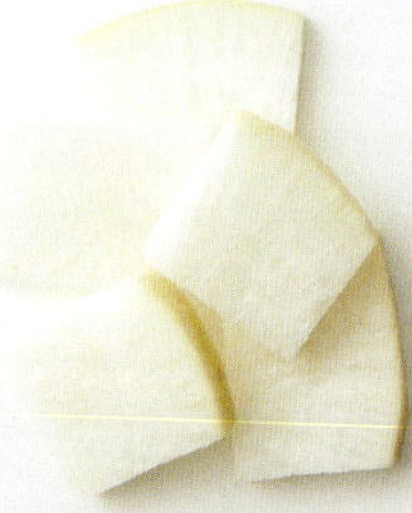

角切法 将白萝卜、土豆等食材切成三角形或四边形薄片。主要用于制作汤类。

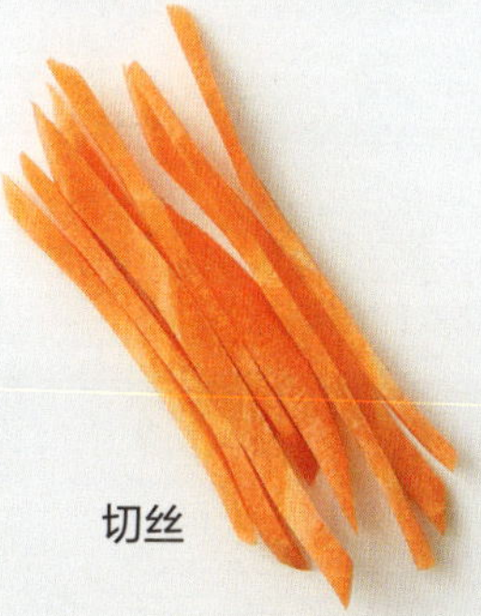

切丝

片切法 将蒜和洋葱等食材按照其本来的外形直接竖着切片。

挑选蔬果的方法

1. 叶菜类

- **莴苣**　叶片不发黑，有光泽且呈嫩绿色的说明新鲜度高。
- **圆白菜**　外表呈绿色，菜心的横截面看起来新鲜，分量较重的为佳。
- **生菜**　叶片颜色鲜明，软且厚实。
- **罗马生菜**　叶片厚实，表面光洁且没有黑色斑点。
- **菠菜**　叶片色深且厚的为佳。根部的颜色鲜红。

2. 根茎类

- **红薯** 不要选根须多、表面坑坑洼洼的。
- **土豆** 已经长芽的或表皮发绿的不要买，要选表面瑕疵少、光滑的。
- **胡萝卜** 颜色鲜亮，根须没有太多分叉。
- **白萝卜** 表面洁白光滑，分量重。
- **洋葱** 包卷紧密结实，表皮光滑，颜色鲜亮，分量重。
- **蒜** 整头蒜皮薄干燥，蒜瓣无疤痕，颜色呈淡黄色。

3. 芽苗菜

- **黄豆芽** 整体饱满，豆芽呈健康的黄色，没有黑色斑点。
- **绿豆芽** 根系结实，没有多余的分叉，用手按能按出水分的为佳。不要买长度短于 5 厘米，颜色深的。

4. 果菜类和水果

- **草莓** 果肉结实饱满，颜色鲜艳的为佳。
- **圣女果** 摸起来手感结实，内里饱满，叶柄新鲜。
- **香蕉** 如果想买来马上吃，就选表皮有黑色斑点的，这种甜度会比较高。除此以外柄部短且粗的更好。
- **苹果** 选结实有分量，柄部看着新鲜的。表皮黄色斑点多是因为被阳光照射时间较长，这样的甜度和营养价值都更高。
- **牛油果** 摸起来稍软不硬，颜色较深，接近褐色的说明成熟度比较合适。要避免买到过软的。
- **梨** 表皮有淡淡黄色光泽的为佳。个头大且斑点越明显的说明甜度越高。
- **西葫芦** 表皮均匀、光滑没有疤痕，瓜柄新鲜的为佳。
- **黄瓜** 表皮整体颜色均匀，头尾粗细差不多的为佳。
- **茄子** 颜色呈接近黑色的深紫色，没有疤痕的，柄部新鲜的为佳。
- **扁豆** 表皮光亮呈嫩绿色，豆荚两头挺实不蔫。

保存剩余食材的小窍门

- **圆白菜** 不要对半切开，只需把最外层的叶子撕掉，用保鲜膜整个包起来，放进冰箱冷藏保存。
- **莴苣** 洗净、晾干后把头尾用厨房纸巾包起来，放进密闭容器内保存。
- **圣女果** 洗净、晾干，去蒂，用厨房纸巾包起来，放进密闭容器保存。
- **大葱** 洗净后把根部切掉，葱白和葱叶分别装进密封保鲜袋，放入冰箱冷冻。
- **豆腐** 在密闭容器内倒入没过豆腐的水量，水里放一大勺盐，盐化开后放入豆腐。盐能防止微生物繁殖，延长豆腐的保存时间。
- **红薯** 洗净、晾干后用纸包起来，放在阴凉干燥处。
- **洋葱** 把剥好的洋葱分别用保鲜膜包好，放进塑料袋里保存。
- **蘑菇** 在没沾水的状态下直接用保鲜膜包起来，放进冰箱冷藏保存。
- **西葫芦** 切开的横截面容易烂，要先用厨房纸巾包裹，再用保鲜膜包好或装进密封保鲜袋保存。
- **白萝卜** 切掉叶子和梗后放入冰箱冷藏保存。
- **黄瓜** 黄瓜表皮干瘪速度较快，要用报纸包好后放进冰箱冷藏保存。
  ※ 黄瓜柄朝上放，保存的时间更久。
- **苹果** 和其他水果放在一起会加速其他水果的成熟，应单独放进塑料袋保存。
- **梨** 买回家后马上用保鲜膜分别包好，放入冰箱冷藏保存。
- **香蕉** 把香蕉一个个分开，用保鲜膜包住柄部可以保存更长的时间。

能均衡提供碳水化合物、蛋白质和脂肪的排毒餐制作方法

能保证均衡提供碳水化合物、蛋白质和脂肪的食谱，是确保减肥能坚持下去且不反弹的第一步。如果能再加上足量的新鲜蔬菜，摄入足够的维生素和矿物质，就是五大营养素兼备的完美健康食谱了。对于减肥人士来说，一般碳水化合物、蛋白质和脂肪的比例以4：4：2或5：3：2为佳。

- **碳水化合物** 全麦面包、糙米饭、红薯、贝贝南瓜、玉米、麦片等。
- **蛋白质** 肉类、海鲜、鸡蛋、豆腐、豆类、希腊酸奶等。
- **脂肪** 坚果类、奶酪、牛油果、青背鱼、特级初榨橄榄油等。

蔬菜边角料的再利用

做完饭后总是会剩下一些边角料，其实我们可以用它们来制作三明治、紫菜包饭、炒饭、烤蔬菜干、蔬果汁等各类食物。

三明治 如果家里有全麦面包或恰巴塔面包，可以尝试用蔬菜边角料做三明治。以鸡胸肉、烤牛肉、虾、三文鱼罐头为主材，再搭配一些蔬菜，就是健康又饱腹的一餐。

推荐食材：胡萝卜、黄瓜、生菜、圆白菜、番茄、洋葱。

紫菜包饭 把剩余的蔬菜切丝后码放在紫菜上，加入糙米饭，压平卷成包饭，真是超级简单的一餐！

推荐食材：胡萝卜、黄瓜、牛蒡。

炒饭 把不知道如何处理的蔬菜边角料和隔夜饭倒入锅中翻炒，用酱油简单调味，就是一碗香喷喷的炒饭。

推荐食材：土豆、胡萝卜、洋葱、蘑菇、青椒。

烤蔬菜干 把蔬菜边角料切成大小一致的小块，放入保鲜袋。倒入橄榄油、盐和黑胡椒碎，把袋口扎紧后摇晃，让调味料均匀地沾在食材上。将处理好的食材放入空气炸锅或烤箱，180℃烤 15 ~ 20 分钟即可。中间翻一次面会烤得更均匀。

推荐食材：贝贝南瓜、茄子、番茄、青椒、蒜。

排毒果蔬汁 利用蔬菜边角料制作排毒果蔬汁。果蔬的表皮一般含有较多的膳食纤维，最好不去皮，直接放进搅拌机。

推荐食材组合：苹果 + 甜菜 + 胡萝卜、羽衣甘蓝 + 菠萝 + 香蕉、苹果 + 黄瓜 + 柠檬。

有利于减脂的食材

苹果醋　起床后倒一杯温水，加入一大勺苹果醋，搅匀，在空腹状态下喝掉，有助于减少体内脂肪，排出体内毒素。坚持喝还能改善便秘，对皮肤也有好处。**※推荐：100%有机苹果醋。**

低卡糖　减肥时会常常想吃甜的东西，我们可以在食谱中使用低卡糖来解决这个问题。特别是在制作沙拉汁或沙拉酱时，加入一大勺低卡糖，就能做出味道不输餐厅，但热量减半的美味沙拉酱。**※推荐：罗汉果糖。**

高蛋白面条/豆腐面条　吃面食在减肥时会造成一定的心理负担，现在市场上可以买到的热量低但蛋白质含量却非常高的高蛋白面条和豆腐面条可以解决这一问题。高蛋白面条和用小麦做的面条口感几乎一样，可以用来做荞麦凉面。豆腐面条则特别适合用来搭配番茄酱做成意大利面。这两样都是我减肥时经常吃的食物。**※推荐：高蛋白面条，豆腐面条。**

番茄酱　市场上的普通番茄酱含有添加剂，糖的含量较高，并不推荐在减脂期食用。我只买纯番茄酱做菜，不但能品尝到浓郁的番茄香味，还便于根据个人口味进行调味，当然最重要的还是更健康。**※推荐：意大利纯番茄酱。**

魔芋饭　减肥时摄入复合碳水化合物可使血糖缓慢而非快速升高，有助于保持血糖稳定。魔芋饭与普通白米饭相比，不但热量低，还富含膳食纤维，能维持较长时间的饱腹感。家中可以准备一些魔芋即食饭，想吃的时候直接加热即可，节省时间，非常方便。**※推荐：糙米苦瓜魔芋饭。**

高蛋白零食　因为我特别喜欢吃零食，所以家里储存了不少健康小零食。很多人觉得高蛋白饼干寡淡无味，又干又硬，其实现在市场上也能买到好吃的产品，我吃的两种高蛋白零食口感酥脆，关键是成分很健康（但也不能吃多哦）。**※推荐：高蛋白脆片，高蛋白饼干。**

杂粮　杂粮中的膳食纤维既能增加饱腹感，又能起到加快脂肪燃烧的作用。人一天所需的膳食纤维约为25克，光靠吃蔬菜是无法满足的。平时可以吃一些杂粮来代替白米饭和普通面包，以增加膳食纤维的摄入量。**※推荐：七色杂粮米，不脱壳的糙米。**

全谷物薄脆饼　想吃甜食或晚上肚子饿时，可以吃几块健康的小零食——全谷物薄脆饼（将面包切成薄片制作成的零食），它是北欧人常吃的健康早餐，可以搭配无蔗糖果酱、花生酱、鹰嘴豆泥等一起吃。它的含糖量低，膳食纤维和蛋白质却非常丰富，美味又健康，特别适合减脂期食用。**※推荐：全麦薄脆饼干。**

100% 有机苹果醋

意大利纯番茄酱

糙米苦瓜魔芋饭

高蛋白脆片

高蛋白饼干

七色杂粮米

全麦薄脆饼干

排毒果蔬汁的做法

排毒果蔬汁有助于排出体内毒素，可以起到净化身体的作用。当你感觉身体疲劳或沉重时，不妨空腹喝一杯。早上起床空腹状态下，是营养成分吸收率最高的时候，这时喝排毒果蔬汁，身体能最大限度地吸收其中的营养成分。坚持这一习惯，最快1周，最慢2周，就能收获身体轻盈、皮肤提亮的明显效果。

ABC 果蔬汁

全世界都在追捧的排毒果蔬汁方案。

食谱

苹果 100 克，胡萝卜 100 克，甜菜 30 克，用搅拌机搅打成汁即可。

- 胡萝卜和甜菜先蒸 5 分钟再搅拌，吸收率更高，口感也更好。
- 苹果、胡萝卜和甜菜的用量比例为 1 ：1 ：0.3。
- 如果没有甜菜，苹果和胡萝卜按 1 ：1 的比例搅打即可，味道也不错。

柠檬排毒果蔬汁

只需要柠檬和水，1 分钟就能做好的超简单排毒果蔬汁。柠檬富含维生素 C，不但能提亮肤色，增加皮肤弹性，还能促进脂肪分解。坚持喝对减重非常有帮助。

食谱

将 1 个柠檬榨出汁，与温水混合即可。

- 如果觉得太酸，可以加水调整。
- 也可以用一大勺天然苹果发酵制成的苹果醋代替柠檬。

羽衣甘蓝 + 香蕉 + 猕猴桃果蔬汁

这款果蔬汁是很多明星的减肥秘方。富含膳食纤维的羽衣甘蓝能有效缓解便秘，还有助于眼睛和骨骼健康。香蕉和猕猴桃能掩盖羽衣甘蓝的微涩口感，是一款很容易被人接受的健康饮料。

食谱

羽衣甘蓝 5 片，香蕉 1/2 个，猕猴桃 1/2 个，椰子水或矿泉水 1 杯，用搅拌机搅打成汁即可。

- 如果不喜欢椰子水的甜味，可以少放或换成矿泉水。

苹果 + 黄瓜 + 柠檬果蔬汁

一款水分充足、口感清凉的果蔬汁。黄瓜的含水量达到 95% 以上，富含钾，能促进多余钠的排出，有消肿的作用。苹果富含抗氧化物质，有助于调节人体免疫力。

食谱

苹果 1 个，黄瓜 1/2 个，柠檬 1/2 个，矿泉水 1/2 杯，用搅拌机搅打成汁即可。

- 果蔬表皮富含膳食纤维，把水果和蔬菜洗净后带皮榨汁效果更好。

菠菜 + 苹果 + 香蕉 + 菠萝果蔬汁

一款绿色果蔬汁。菠菜有助于预防衰老、净化血液。苹果和香蕉富含膳食纤维，预防便秘效果明显。

食谱

菠菜1把，苹果1/2个，香蕉1/2个，菠萝1/4个，柠檬1/2个，矿泉水1杯，用搅拌机搅打成汁即可。

- 菠菜可以直接榨汁，也可以用热水焯 30 秒后再榨汁。
- 可根据个人喜好加入蜂蜜。

改变生活质量的早晚拉伸运动

早间拉伸运动

猫牛式

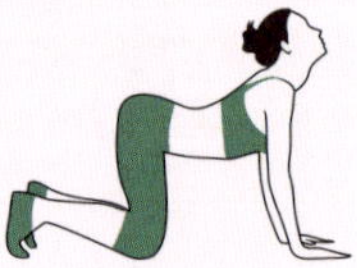

将蜷缩一晚的脊柱充分舒展开来

- 准备动作为跪姿桌子式（双膝跪地，手掌和脚尖接触地面）。
- 吸气的同时腰部向下凹，胸部向上伸展。
- 之后边呼气边将背部向上拱起，呈圆弧状，同时收紧尾骨和腹部。
- 保持缓慢深呼吸，重复动作 10 次。

鸟狗式

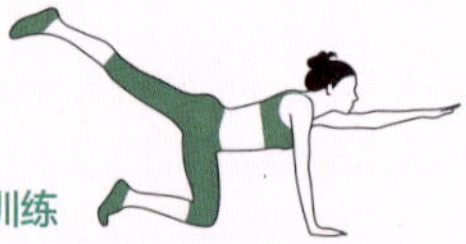

适合新手的基础核心训练

- 在跪姿桌子式的基础上，将一侧手臂和对侧腿伸直。
- 下腹部用力，使手指和脚尖尽量呈一条直线。
- 眼睛向前看，正常呼吸，保持姿势 15 秒。
- 做完一侧换另一侧，重复相同的动作。

※ 如果同时伸出手臂和腿感觉困难，可以先伸直手臂或腿，稳定后再抬起另一侧腿或手臂，熟练后再同时做动作。

下犬式

有效促进全身血液循环，缓解疲劳

- 准备动作为跪姿桌子式。
- 尾骨向天花板方向延长，拉起身体呈三角形。
- 手掌轻轻撑地，将肩膀和腰部伸展开。
- 尽可能伸直膝盖，双腿伸直，做抻筋的动作。
- 做动作的同时保持均匀的呼吸。

※ 如果感觉腿筋（大腿后侧肌肉）太紧不舒服，可以弯曲膝盖，将腹部贴紧大腿。

猫伸展式

拉伸背部和肩膀的最佳动作

- 准备动作为跪姿桌子式。
- 两臂最大限度地前伸，下巴和胸部紧贴地面。
- 手臂和脊柱充分伸展，正常呼吸，保持姿势 30 秒。

※ 骨盆和膝盖要摆正，不要歪向一侧。

坐立脊柱扭转式

有效排出体内毒素，促进消化

- 两腿伸直坐在垫子上，先将右侧膝盖弯曲，脚掌撑地。
- 左臂抱住右侧膝盖，同时将上半身向右扭转。
- 眼睛看向后侧远方，右手撑在臀部后侧地面上。
- 正常呼吸，保持姿势 30 秒。然后反方向重复相同的动作。

※ 注意肩膀下沉，不要紧张耸起。

晚间拉伸运动

仰卧锁腿式

有效缓解疲劳，减轻腰部疼痛

- 仰卧在垫子上，先将一侧膝盖弯曲，两手十指交叉，抱紧小腿。
- 将膝盖尽量贴近胸膛，但要注意骨盆不要离开地面。
- 边呼吸边保持住一两分钟。
- 另一侧重复相同的动作。

鸽子式

有效促进上下肢血液循环和淋巴循环

- 准备动作为跪姿桌子式。
- 左侧膝盖弯曲前伸，右侧腿向后伸直。
- 上半身前倾，往下压，胸腔找膝盖。
- 可能的话将额头贴到地面。正常呼吸，保持动作一段时间后换另一侧。

※ 向后伸腿的一侧骨盆要尽量下压，不要离开地面。

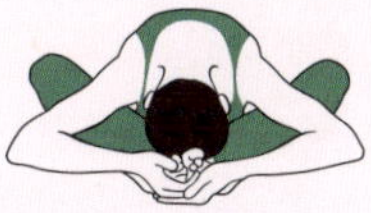

束角式

放松骨盆周围肌肉，缓解下肢疲劳

- 坐在垫子上，胸部和腰部挺直。
- 两脚掌心相对，两手紧握双脚，使脚跟最大限度地贴近身体。
- 先吸气，伸直脊柱，然后边呼气边下压上半身，额头尽量找地面。
- 正常呼吸，保持姿势 30 秒。

※ 如果膝盖不能接触地面，可以借助胳膊肘的力量把膝盖轻轻向下压。

青蛙式

矫正骨盆，消除大腿内侧脂肪

- 跪姿桌子式的状态下，将两侧膝盖最大限度地向外侧移动。
- 膝盖和脚呈一条直线，脚尖向外。
- 上身下压，胳膊肘撑地，一边呼气一边将骨盆贴近地面。
- 正常呼吸，保持姿势一两分钟。

※ 如果膝盖感觉疼痛，可以用两块毛巾分别垫在膝盖下。

桥式

提升腰部力量，打造迷人背影

- 平躺在垫子上，弯曲膝盖，双脚撑地，与肩同宽。
- 准备时吸气，呼气向上抬起骨盆，保持片刻后放松。
- 双膝绷紧，臀部用力，坚持 30 秒。

※ 骨盆向上抬起时，注意膝盖不要向两侧外展，要体会大腿内侧用力的感觉。

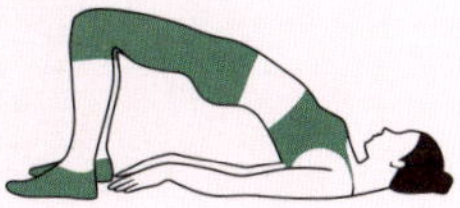

3日排毒计划

避免减肥“3分钟热度”，重塑健康的饮食习惯，都可以通过排毒瘦身计划得以实现。如果你想改掉不良的饮食习惯，尝试排毒瘦身，那么3日计划是一个非常合适的“起点”。与大家熟知的只吃水果或只喝果蔬汁的净化排毒瘦身法不同，我介绍的方法是通过摄入健康餐食来排出体内堆积的毒素，从而达到瘦身的目的。

坚持执行3日计划，能逐渐改善体内营养不平衡的状态，补充缺乏的营养成分的同时排出有毒物质，帮助你养成健康的饮食习惯。选择适合自己身体情况或自己喜欢的3日计划食谱，慢慢坚持下去，相信你一定可以收获一个更加健康的身体。

3 日计划之排毒瘦身的基本原则

√ 选择一日三餐中的两餐采用排毒食谱。

√ 如果一开始有点困难，可以先从晚餐开始，逐渐适应之后再增加至两餐。

√ 一下子改变所有食谱可能会产生各种各样的问题，建议按照自身身体情况和作息来调整食谱，千万不要勉强自己。

3 日计划之不同部位减脂的简要说明

计划 1　消除腹部赘肉（P034）

计划 2　消除腿部水肿（P050）

计划 3　打造纤细的腰线（P066）

计划 4　找回消失的下颌线（P082）

计划 5　让皮肤更有光泽（P098）

3 日计划之成功瘦身的注意事项

√ 排毒瘦身期间尽量不要饮酒和吸烟。

√ 排毒瘦身食谱之外的饮食也要适量，不要暴饮暴食。

√ 最大限度地减少油炸食物、酒精和夜宵的摄入。

3日排毒计划①

消除腹部赘肉

让大部分减肥者最头疼的可能就是腹部赘肉了吧？下面我就来介绍消除腹部赘肉最有效的运动和饮食方法。这些食谱采用了有助于排出宿便和多余盐分的食材，能有效去水肿，提高新陈代谢，最终达到消除腹部赘肉和减重的目的。

3日任务

A

保持腹部紧张感

站立或坐着时，保持下腹部向内收紧的感觉，每小时坚持1分钟。

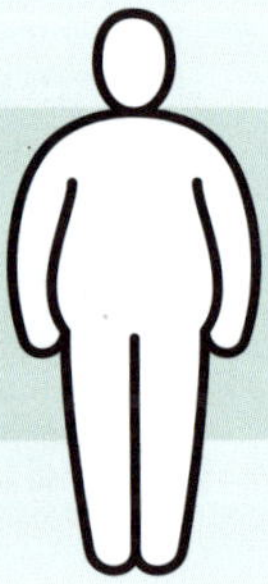

B

每天最少喝8杯水

促进肠道蠕动，让排便更顺畅。对改善便秘来说，温水比凉水更有效。

C

有氧运动30分钟以上

除了针对腹部的局部锻炼和排毒食谱，能促进流汗的有氧运动的重要性也不可小觑。食谱配合有氧运动，能更快速地减少体内脂肪。

3日 推荐 运动

第❶天 平板支撑30秒

核心运动的根本

❶ 面向地面，以跪姿桌子式准备。
❷ 两腿向后伸直，确保头和脚在一条直线上。
❸ 正常呼吸的同时保持姿势不变。

※ 跪姿桌子式：双膝跪地，手掌和脚尖接触地面，呈爬行的姿势。
※ 臀部不要撅起或向下塌，腹部要向内收紧。
※ 每天坚持30秒，可逐渐延长时间，会慢慢体会到核心力量变强的感觉。

第❷天 举腿上抬30秒

针对下腹部的代表性运动

❶ 两手放在身体两侧，面向上平躺。
❷ 双腿向上伸直，利用腹部而不是腰部的力量将两腿向上顶起后放下。

※ 做动作时腰部要贴紧地面，体会腹部收紧的感觉。
※ 新手可稍稍弯曲两膝，减轻难度。

第❸天 俄罗斯转体30秒

有效打造侧腰曲线的动作

❶ 双腿打开，与骨盆同宽，双膝弯曲，腿部抬起，保持坐姿，身体向后倾斜约45度。
❷ 利用腹部的力量左右旋转上半身。

※ 注意上半身不要过度旋转，否则会对腰部产生压力。
※ 上半身转向侧面时呼气，可小声“呼”出来。

※ 每个动作做2~3组，也可以3个动作连贯起来做。
※ 可在规定时间内按照自己的节奏重复动作。

※图中食材种类与用量和备餐清单不完全一致，
仅为示例供参考。

3日备餐清单

食材	食材	调料
☑ 西蓝花 1/2 个	☐ 沙拉菜 50 克	☑ 香油
☐ 虾仁 150 克	☐ 燕麦片 30 克	☐ 橄榄油
☐ 蒜 17 瓣	☐ 坚果少许	☐ 柠檬汁
☐ 洋葱 1/4 个	☐ 牛奶 50 毫升	☐ 盐
☐ 胡萝卜 1/2 个		☐ 黑胡椒碎
☐ 西葫芦 1/4 个		☐ 生抽
☐ 红彩椒 1/4 个		☐ 味极鲜酱油
☐ 香蕉 1 个		☐ 料酒
☐ 橙子 1/2 个		☐ 黑醋
☐ 豆腐 1/2 块		☐ 清酒（可选）
☐ 嫩叶蔬菜 150 克		☐ 蒜泥
☐ 圣女果 20 颗		☐ 蚝油
☐ 菠菜 2 把		☐ 紫苏粉
☐ 鸡蛋 3 个		☐ 低卡糖
☐ 大葱 1 段		☐ 意大利香醋
☐ 口蘑 3 个		
☐ 杏鲍菇 1 个		
☐ 蟹味菇 2 把		
☐ 金针菇 1/2 把		
☐ 茄子 1/5 个		
☐ 黑芝麻（可选）少许		
☐ 鸡胸肉 100 克		
☐ 圆白菜 1/4 个		

250千卡

排宿便

西蓝花紫苏粉虾仁

Day 1

人们常说压力是万病之源，其实宿便也是。排便不畅，体内毒素堆积在肠道中，很容易导致腹部肥胖。宿便产生的有害菌还会使肠道内气体增多，引发其他疾病。西蓝花富含水溶性膳食纤维，对排宿便非常有效。用紫苏粉自制的调味料别具风味，再加上高蛋白的虾仁，就是一盘美味又健康的轻食沙拉！

难易程度 简单

制作时间 15分钟

食材

- 西蓝花1/2个
- 虾仁（中等大小）150克
- 盐1大勺

调味汁

- 紫苏粉2大勺
- 橄榄油2大勺
- 柠檬汁1大勺
- 盐少许
- 黑椒粉碎少许

1. 水中倒入适量白醋（材料外），将西蓝花在醋水中浸泡3分钟后用清水洗净。
2. 将西蓝花斜切成适口大小，去掉根部外皮。
3. 在沸水中放入1大勺盐。
4. 将切好的西蓝花放入沸水中焯烫1分钟。
   稍稍变软即可捞出。
5. 沥干表面水分。
6. 碗中依次放入调味汁材料，搅拌均匀。
7. 虾仁用冷水洗净后放入沸水中焯烫一两分钟。
8. 关火，继续闷5分钟。
   虾仁变成粉红色就说明熟了。
9. 将调味汁倒在西蓝花和虾仁上，搅拌均匀。
10. 装入盘中即可。

关键点

- 焯水时加点儿盐，可使水加速沸腾，这样既省时间，又能让焯出来的蔬菜更脆爽鲜嫩。
- 根据个人喜好，虾仁可以用水煮，也可以在平底锅中用少许油煎着吃。不过，减肥期间要尽量避免吃油炸食物。

※本书所有菜谱只有重要步骤配有操作示意图。

259千卡

排出体内毒素

圆白菜炒鸡胸肉

Day 1

圆白菜是著名的“长寿食材”之一。它富含膳食纤维，能帮助排出体内毒素和肠内有害物质，有效改善肠内环境。圆白菜中的维生素A和维生素C能够抑制活性氧，有利于人体排毒。此外，它还有预防癌症、促进血液循环、健肠胃等作用。而且每100克圆白菜只有19千卡的热量，却能让人维持较长时间的饱腹感，简直太适合作为减脂餐的食材了。

难易程度 简单

制作时间 20分钟

食材

- 圆白菜1/4个
- 鸡胸肉100克
- 蒜10瓣
- 洋葱1/4个
- 胡萝卜1/4个
- 口蘑3个
- 西葫芦1/4个
- 红彩椒1/4个
- 橄榄油适量
- 盐少许
- 黑胡椒碎少许

调味汁

- 生抽3大勺
- 味极鲜酱油1大勺
- 料酒2大勺
- 低卡糖1大勺
- 清酒（可选）1大勺
- 蒜泥1/2小勺
- 黑胡椒碎少许

关键点

圆白菜中的水溶性维生素很容易溶解在水里，因此在清洗圆白菜时不要切开，避免营养成分流失。

1. 去掉圆白菜的外皮，把其余菜叶一层层掰下来，放入水中浸泡5分钟后用流水清洗干净。
2. 沥干后切成适口大小。
3. 蒜切片，洋葱切细丝。
4. 胡萝卜和西葫芦切成半圆形片，红彩椒和口蘑切小块。
5. 平底锅中倒入适量橄榄油，先下蒜片和洋葱丝翻炒。
6. 再放入胡萝卜、西葫芦、红彩椒和口蘑继续翻炒，最后放圆白菜炒软炒香。
7. 加盐和黑胡椒碎调味。
8. 将蔬菜盛出，锅中继续倒入橄榄油，开始煎鸡胸肉。
9. 鸡胸肉煎到快熟时盖上锅盖，转小火，继续煎至全熟。
10. 将调味汁材料拌匀，刷在鸡胸肉正反面上，再继续煎一小会儿。
11. 用剪刀将鸡胸肉剪至合适的大小。
12. 倒入刚才炒好的蔬菜和剩余调味汁，和鸡胸肉一起翻炒均匀。调味汁可根据个人口味增减用量。
13. 摆盘时，盘中先放入蔬菜，再放鸡胸肉，这道菜就完成了。

Day 2

382千卡

排出钠

香蕉燕麦片

体内钠过多会导致身体水肿，进而形成水肿型肥胖。摄入钾有助于平衡体内的钠，而香蕉则是含钾量非常高的食物，同时它还能排出体内重金属和毒素，对健康有益。香蕉价格相对便宜，又很容易买到，吃起来也方便，特别适合减脂期食用。这次我用“超级食物”燕麦片搭配香蕉，来做一道超级简单的沙拉。

难易程度 简单

制作时间 10分钟

食材

- 香蕉1个
- 沙拉菜50克
- 橙子1/2个
- 燕麦片30克
- 牛奶50毫升
- 坚果少许
- 盐少许

1. 将香蕉放在碗中，用叉子碾碎。
2. 橙子去皮，将果肉切成小块。
3. 在烧热的锅中倒入碾碎的香蕉、燕麦片和牛奶，用中火稍煮片刻。

   如果时间不充裕，也可以搅拌均匀后用微波炉加热 3 分钟。
4. 浓稠度可根据个人喜好调整，可适当加一点儿牛奶，搅拌均匀。
5. 盘中先铺上沙拉菜，再将香蕉燕麦片倒在上面。
6. 放入橙子块。
7. 撒上稍碾碎的坚果。
8. 最后用盐调味。

☛ 关键点

这道用香蕉和燕麦片制成的轻食吃下去暖暖的，还能吃到多种蔬菜，可以维持较长时间的饱腹感。用豆浆或杏仁露代替牛奶，味道会更香甜。

嫩煎豆腐

250千卡
降低胆固醇

Day 2

减肥期间适当减少碳水化合物的摄入，多吃低热量、高蛋白的食物非常重要，而豆腐就属于高蛋白食物。豆腐由大豆制成，是常见的食材，价格也较为低廉，富含优质植物蛋白质，热量不高，每100克只有84千卡，口感软嫩好消化，也方便与其他食物搭配制作各类菜肴。根据加拿大多伦多大学研究报告显示，多吃豆腐能有效降低胆固醇。这次我尝试用新鲜的蔬菜和用平底锅煎香的豆腐来制作一道减脂美味。

难易程度 简单

制作时间 15分钟

食材

- 豆腐1/2块
- 嫩叶蔬菜100克
- 胡萝卜1/4个
- 圣女果5个
- 黑芝麻（可选）少许
- 盐少许
- 黑胡椒碎少许
- 橄榄油适量

调味汁

- 橄榄油2大勺
- 生抽2大勺
- 香油1大勺
- 黑醋1/2小勺
- 黑胡椒碎少许

关键点

- 完全吸干表面水分后再煎，豆腐会更脆、更香。如果时间不充裕，也可以把切好的豆腐平铺在盘子里，放入微波炉加热3分钟，这样可以快速去除豆腐上的水。
- 胡萝卜、圣女果用油炒过后，营养素可更快被人体吸收。

1. 所有蔬菜用流水清洗干净，沥干。
2. 豆腐切成方块。
3. 胡萝卜和圣女果切成适口大小。
4. 用厨房纸巾将豆腐表面的水分吸干。
5. 在豆腐两面均匀撒上盐和黑胡椒碎，腌制5分钟。
6. 在烧热的平底锅中倒入橄榄油，开始煎豆腐。
7. 豆腐煎至两面焦黄后盛出，锅中放入胡萝卜和圣女果，翻炒均匀。
8. 摆盘时，先放嫩叶蔬菜，再放豆腐和炒好的蔬菜。
9. 撒一些黑芝麻，最后浇上调匀的调味汁就完成了。

1

5

6

7

190千卡
燃烧脂肪

菠菜鸡蛋炒圣女果

Day 3

这道菜使用的圣女果和鸡蛋是常见又便宜的食材，是番茄炒鸡蛋的减脂版。圣女果中含有膳食纤维和维生素C，鸡蛋能提供蛋白质，相互补充，搭配合理。再加上“超级食物”菠菜的加入，使这道菜的营养成分更加丰富，味道也“更上一层楼”！这道菜搭配糙米饭变成圣女果菠菜鸡蛋盖饭，或和全麦面包一起作为早午餐，都是不错的选择。

难易程度 简单

制作时间 20分钟

食材

- 菠菜2把
- 圣女果10个
- 鸡蛋3个
- 蚝油1/2小勺
- 大葱1段
- 蒜7瓣
- 盐少许
- 黑胡椒碎少许
- 橄榄油适量

1. 所用蔬菜用清水洗净，沥干。
2. 菠菜切成适口大小。
3. 大葱、蒜切碎。
4. 圣女果对半切开。
5. 将鸡蛋、蚝油、盐、黑胡椒碎、葱蒜碎混合，搅拌成均匀的蛋液。
6. 在烧热的平底锅中倒入橄榄油，放入圣女果，用中小火翻炒片刻后盛出。
7. 在平底锅中倒入橄榄油，油热后倒入蛋液。
8. 用筷子搅动蛋液，等其逐渐凝固，全熟之前倒入圣女果继续翻炒。
9. 放入菠菜，炒软后即可出锅。

关键点

圣女果中能调节免疫力的皂苷含量是普通番茄的5倍，番茄红素含量是普通番茄的3倍。炒菜时圣女果的形状也能保持得比较好，水分不容易流失，吃起来口感更佳。

Day 3

烤蘑菇

100千卡
促进新陈代谢

蘑菇中含有丰富的维生素和矿物质等营养成分，特别是其中的β-葡聚糖有促进人体新陈代谢的作用。新陈代谢活跃，热量消耗就会相应增加。此外，多吃蘑菇不但能调节人体免疫力，还有助于促进血液循环和排出体内毒素。烤过的蘑菇吃起来有肉的味道，就算吃掉整整一盘，热量也不会很高，关键还营养丰富，建议大家都来尝试一下这道烤蘑菇。

难易程度 简单
制作时间 10分钟

食材

- 杏鲍菇1个
- 蟹味菇2把
- 金针菇1/2把
- 茄子1/5个
- 圣女果5个
- 嫩叶蔬菜50克
- 盐少许
- 黑胡椒碎少许
- 橄榄油适量

调味汁

- 橄榄油1大勺
- 生抽1大勺
- 意大利香醋1大勺
- 柠檬汁1/2小勺
- 黑胡椒碎少许

1. 所有蔬菜用清水洗净，沥干。
2. 杏鲍菇和蟹味菇切成适口大小，金针菇剪掉根部。
3. 茄子去蒂，先对半切开，再切片。
4. 圣女果对半切开，或再对半切成4等份。
5. 碗中放入蘑菇、茄子、圣女果，淋橄榄油，撒盐和黑胡椒碎调味。
6. 搅拌均匀，腌制片刻。
7. 烤盘垫油纸，将腌制好的蔬菜放入烤盘中，用空气炸锅180℃烤10分钟。
8. 10分钟后翻面，再烤10分钟。
9. 调好调味汁。
10. 盘中先摆嫩叶蔬菜，再将烤好的蔬菜放上去。
11. 淋入调味汁即可。

关键点

- 蘑菇种类可以按照自己的喜好随意选择。用空气炸锅制作的蘑菇，香味更浓郁。
- 洗好的蘑菇一定要沥干表面水分，这样煎的时候才不会溅油。

5

7

8

3日排毒计划②

消除腿部水肿

腿部算是不太好瘦的部位之一，付出很多努力，减肥效果往往不尽如人意。针对下肢肥胖必须双管齐下，坚持运动和合理饮食，缺一不可。腿部水肿是淋巴和血液循环不畅的表现，是长时间保持一个坐姿、跷二郎腿、缺乏运动、盐摄入过多等不良习惯长期积累的结果。在本节计划中，我将为大家介绍有效针对腿部水肿，打造完美腿部线条的运动和食谱。

3日 任务

A

睡前举腿练习

睡觉前平躺在床上，将双腿抬起，贴紧墙面，使腿和身体呈90度直角。闭上眼，均匀呼吸，保持这个姿势至少1分钟以上，可有效消除疲劳，促进下肢血液循环。

不要跷二郎腿

平时保持正确坐姿，不要跷二郎腿。跷二郎腿的习惯不但容易引发腰痛，还会导致骨盆变形。

B

C

减少盐的摄入

摄入过多盐分会导致水钠潴留，也就是体内不必要的水分囤积。平时应有意减少盐的摄入量，即便坚持3天也是好的。

3日 推荐 运动

第❶天 小腿拉伸每侧各15秒

瞬间放松小腿肌肉的超简单动作

❶ 以跪姿桌子式（P035）做好准备。
❷ 吸气的同时右腿向后蹬出，呼气时脚后跟向下压，直至接触地面。
❸ 另一侧重复同样的动作。

※ 脚后跟踩到地面，小腿肌肉会得到充分放松。
※ 肩膀和手腕，骨盆和膝盖要摆正，朝向正前方。

第❷天 下犬式+蹬地30秒

促进全身血液循环，舒展小腿和脚腕的动作

❶ 以跪姿桌子式做好准备。
❷ 尾骨向天花板方向延伸，拉起身体呈三角形。手掌轻轻撑地，将肩膀和腰部伸展开（下犬式）。
❸ 双膝交替伸直，充分拉伸小腿和脚腕。

※ 脊柱充分拉伸，臀部尽可能向上拱起。

第❸天 坐姿侧伸展每侧各15秒

消除赘肉，打造腿部线条的动作

❶ 坐在垫子上，右腿向侧方伸直，左腿弯曲。
❷ 上半身向右侧倾斜，右手抓住右脚，左臂贴紧耳朵，置于头顶，左侧肋骨充分展开。将左脚尖往身体一侧拉，使腿后侧包括小腿的肌肉慢慢舒展开。
❸ 正常呼吸，保持姿势一段时间，再换反方向，重复相同的动作。

※ 身体向一侧伸展时，胸部要挺直，不要含胸。要充分体会肋骨一侧被拉伸开的感觉。这个动作对消除侧腰赘肉有一定帮助。

※ 每个动作做2~3组，也可以3个动作连贯起来做。
※ 可在规定时间内按照自己的节奏重复动作。

Bonduelle
olives and peppers
살코기
동원참치
LIGHT STANDARD
닭가슴살 슬라이스햄
Goobne

3日备餐清单

食材

- [x] 贝贝南瓜 1 个
- [ ] 嫩叶蔬菜 1 把
- [ ] 芝麻菜 1 把
- [ ] 圣女果 15 个
- [ ] 杏仁片或其他坚果少许
- [ ] 鹰嘴豆 1/2 杯（70 克）
- [ ] 黄瓜 1½ 个
- [ ] 洋葱 1/2 个
- [ ] 紫洋葱 1/4 个
- [ ] 黑橄榄 5 个
- [ ] 格拉纳帕达诺奶酪少许
- [ ] 圆白菜 5 片
- [ ] 胡萝卜 1/5 个
- [ ] 煮鸡蛋（可选）1 个
- [ ] 红、黄彩椒各 1/4 个
- [ ] 芦笋 10 ~ 15 根
- [ ] 莲藕 100 克
- [ ] 西蓝花 1/3 个
- [ ] 苹果 1/4 个
- [ ] 柠檬（可选）1/2 个
- [ ] 牛油果 1 个
- [ ] 番茄 1/2 个
- [ ] 金枪鱼罐头 1/2 罐
- [ ] 玉米粒 3 大勺
- [ ] 鸡胸肉切片 1 袋
- [ ] 全麦薄饼 1 张

调料

- [x] 橄榄油
- [ ] 无糖原味酸奶
- [ ] 蛋黄酱
- [ ] 蜂蜜
- [ ] 柠檬汁
- [ ] 低卡糖
- [ ] 盐
- [ ] 黑胡椒碎
- [ ] 蒜末
- [ ] 芝麻粉
- [ ] 醋
- [ ] 意大利香醋
- [ ] 整粒芥末籽酱
- [ ] 欧芹碎（可选）

贝贝南瓜沙拉

144千卡

消除水肿

Day 1

南瓜中含有的果胶能起到利尿、去水肿的作用，是产后减肥的常用食材之一。此外，南瓜中的维生素A和β-胡萝卜素具有延缓衰老和养胃的功效。每100克南瓜的热量为22千卡，属于低热量食物，丰富的膳食纤维对排出体内毒素很有帮助。把南瓜放在沙拉或三明治里，可以提供长时间的饱腹感，用来减肥真是再合适不过了。

难易程度 简单

制作时间 20分钟

食材

- 贝贝南瓜1个
- 嫩叶蔬菜1把
- 圣女果3个
- 欧芹碎（可选）少许
- 杏仁片或其他坚果少许

调味汁

- 无糖原味酸奶3大勺
- 蛋黄酱1大勺
- 蜂蜜1大勺
- 柠檬汁1/2小勺
- 盐少许
- 黑胡椒碎少许

1. 所有蔬菜用清水洗净，沥干。
2. 贝贝南瓜浸入水中，用微波炉加热3分钟。

   加热后的南瓜比较好切。
3. 将南瓜分成8等份，用勺子把子去干净。
4. 将南瓜再次放入微波炉，加热7分钟至熟透。

   如果用蒸锅，需要蒸 10 分钟。
5. 用筷子扎一下，看南瓜是否熟透。用叉子把南瓜压成泥。
6. 调味汁混合后和南瓜搅拌均匀。
7. 圣女果去蒂，对半切开。
8. 盘中先放入嫩叶蔬菜，再摆上南瓜泥和圣女果，最后撒欧芹碎和杏仁片即可。

关键点

加工贝贝南瓜可以用微波炉或者蒸锅。微波炉虽然使用比较方便，但做出来的南瓜口感会比较干；用蒸锅稍微麻烦一点儿，但蒸出来的南瓜口感比较软糯。

221千卡
控制体重

鹰嘴豆沙拉

Day 1

鹰嘴豆是世界公认的健康食物之一，也是大家熟知的“超级食物”。因颜色微黄，形似鹰嘴而得名，也被称为埃及豆。每100克鹰嘴豆的热量为164千卡，蛋白质含量高且富含膳食纤维，特别适合减肥人士食用。此外，鹰嘴豆还含有丰富的不饱和脂肪酸，有助于控制体重、降低胆固醇和改善血管健康。其中丰富的钙元素，对消除水肿很有帮助。

难易程度 简单

制作时间 25分钟

食材

- 鹰嘴豆1/2杯（70克）
- 圣女果5个
- 黄瓜1/4个
- 芝麻菜1把
- 紫洋葱1/4个
- 黑橄榄5个
- 格拉纳帕达诺奶酪少许
- 盐1/2小勺

调味汁

- 意大利香醋2大勺
- 整粒芥末籽酱1大勺
- 橄榄油2大勺
- 蜂蜜1/2小勺
- 欧芹碎（可选）少许
- 盐少许
- 黑胡椒碎少许

1. 鹰嘴豆用清水淘洗两三遍后，放足量清水中，冷藏浸泡至少10小时。
   泡豆子的水不要倒掉，可以用来煮豆子，这样豆香味会更浓郁。
2. 鹰嘴豆充分泡发后，水中加入盐，开大火煮沸。
3. 水沸后转中小火，继续煮15~20分钟。
   边煮边撇去浮沫，水不够的话可再加一杯。
4. 关火后继续焖5分钟，将鹰嘴豆捞出后过凉水。
5. 将鹰嘴豆泡在调好的调味汁中腌制5分钟。
6. 所有蔬菜用清水洗净，沥干。
7. 紫洋葱切丝，在凉水中浸泡一会儿，去掉辛辣味。
8. 圣女果和黄瓜切小丁。
9. 盘中先铺上芝麻菜，再将其他蔬菜和鹰嘴豆放在上面。
10. 撒切片的黑橄榄，磨一些奶酪碎撒在上面，最后将剩余的调味汁淋上去即可。

关键点

鹰嘴豆比其他豆子硬很多，要想烹饪后获得软糯的口感，必须提前泡水10小时以上。泡发后的鹰嘴豆颜色变淡，体积会增大一倍。

※ 鹰嘴豆保存小贴士

因为鹰嘴豆泡发和煮制的时间较长，最好一次做足够的量，放入冰箱冷冻保存。需要用的时候提前2小时取出，室温环境下解冻即可。

381千卡

排出体内毒素

圆白菜全麦饼

Day 2

墨西哥风味的菜肴虽然味道很棒，但一般都需要用鲜奶油或蛋黄酱作为基础调味料，减脂期食用未免负担过重。本食谱用无糖原味酸奶代替高热量的酱料，用鸡胸肉切片补充蛋白质，做出了一款热量尽可能低的墨西哥风味圆白菜全麦饼。搭配墨西哥菜不可缺少的牛油果沙拉酱，味道正宗又健康无负担。

难易程度 中等

制作时间 40分钟

食材

- 圆白菜5片
- 鸡胸肉切片1袋
- 玉米粒3大勺
- 全麦薄饼1张
- 胡萝卜1/5个
- 洋葱1/4个
- 黄瓜1/4个
- 煮鸡蛋（可选）1个

调味汁

- 无糖原味酸奶3大勺
- 柠檬汁1/2小勺
- 低卡糖1/2小勺
- 盐少许
- 黑胡椒碎少许

☛ 关键点

鸡胸肉切片可以用平底锅稍微煎一下，不过直接吃味道也不错。和一般的火腿切片相比，鸡胸肉的蛋白质含量更高，饱和脂肪更少。如果买不到鸡胸肉切片，直接用普通鸡胸肉也可以。

1. 去掉圆白菜外层的叶子，掰下5片在水中浸泡5分钟，用清水冲洗干净。
2. 胡萝卜、洋葱和黄瓜用清水洗净，沥干。
3. 洋葱切细丝，放在凉水里泡去辛辣味。
4. 圆白菜切细丝备用。
5. 胡萝卜、黄瓜切丝，鸡胸肉切片切条备用。
6. 将调味汁材料混合，搅拌均匀。
7. 煮鸡蛋去壳，蛋白切丝，蛋黄用细筛碾碎。
8. 盘中放入胡萝卜、黄瓜和鸡胸肉切片，再放上玉米粒、圆白菜、洋葱和蛋白，混合均匀后将蛋黄碎撒在上面。
9. 制作牛油果沙拉酱。
   做法见下。
10. 将全麦薄饼放在平底锅中，不用放油直接烘烤片刻。
11. 将牛油果沙拉酱和切块的全麦薄饼放在盘中。
12. 把调味汁淋在沙拉上即可。

※ 牛油果沙拉酱的做法

食材：牛油果1个、番茄1/2个、柠檬汁1大勺、紫洋葱碎1大勺、蒜末1/2勺、盐和胡椒粉少许。

1. 牛油果对半切开，去核。
2. 将果肉挖出，用叉子碾碎。
3. 番茄去子、切碎。去掉子，做出来的酱才不会过于稀软。
4. 准备紫洋葱碎和蒜末。
5. 将以上食材混合搅拌均匀，再放入柠檬汁、盐和胡椒粉调味。

5-1

5-2

9

10

黄瓜金枪鱼沙拉

223千卡

排出钠

Day 2

黄瓜含有较为丰富的钙，除了能帮助排出体内多余的钠，还能排出体内的毒素和重金属，进一步净化血液，丰富的B族维生素也有助于调节人体免疫力。黄瓜的含水量高达97%，每100克只有13千卡的热量，属于热量极低的蔬菜。黄瓜中的碳水化合物含量极少，膳食纤维丰富，非常适合减脂期食用。

难易程度 简单

制作时间 15分钟

食材

- 黄瓜1个
- 金枪鱼罐头1/2罐
- 红、黄彩椒各1/4个
- 洋葱1/4个
- 蛋黄酱3大勺
- 盐少许
- 黑胡椒碎少许
- 杏仁片少许

1. 黄瓜用清水冲洗干净，撒少许盐，用手揉搓均匀后冲洗干净。
2. 黄瓜切小段，用勺子挖出大部分瓤，只留底部，做成小盅的形状。
3. 彩椒和洋葱切小丁。
4. 打开金枪鱼罐头，将油脂滤干净，金枪鱼肉备用。
5. 碗中放蛋黄酱、盐和黑胡椒碎，再放入金枪鱼、彩椒和洋葱，搅拌均匀。
6. 将沙拉倒入黄瓜盅里填满。
7. 最后撒上杏仁片即可。

关键点

黄瓜水分足，膳食纤维丰富，吃完会缓解胃灼热或腹胀等症状。黄瓜皮中含有丰富的营养成分，建议做菜时不要去皮。

119千卡
促进新陈代谢

芦笋圣女果沙拉

Day 3

热量和钠元素含量较低的芦笋富含膳食纤维和提升肠内有益菌活性的益生菌，具有消除腹部赘肉和改善肠内环境的作用。芦笋中含有的钙和钾等矿物质还能促进新陈代谢，预防水肿。此外，芦笋中还含有强抗氧化物质谷胱甘肽，不仅能发挥抗癌的作用，还有助于预防衰老，调节机体免疫力。

难易程度 简单

制作时间 15分钟

食材

- 芦笋10～15根
- 圣女果7个
- 柠檬（可选）1/2个
- 欧芹碎少许
- 盐适量
- 黑胡椒碎少许

调味汁

- 橄榄油3大勺
- 柠檬汁1大勺
- 蒜末1/2小勺

1. 芦笋用流水洗净，切掉根部备用。
2. 用削皮刀将芦笋表面不光滑的地方削掉。
   这样口感更佳，而且芦笋的甜味会更明显。
3. 沸水中加盐，放入处理干净的芦笋，焯烫30秒后捞出。
   将根部朝下竖着放入水中，这样最硬的部分更容易熟。
4. 将圣女果切成4等份。
5. 将调味汁的材料混合，搅拌均匀。
6. 将焯好的芦笋用盐和黑胡椒碎调味。
7. 盘中放入芦笋和圣女果，用切片的柠檬装饰。
8. 淋入调味汁，撒欧芹碎即可。

关键点

芦笋最好先焯烫30秒，可使细胞壁变薄，营养成分更容易被人体吸收。芦笋可以和多种蔬菜、水果或肉类搭配，是健康轻食食谱常用的蔬菜之一。

芝麻莲藕

203千卡
促进淋巴循环

Day 3

莲藕被誉为“泥土里的珍珠”，富含对身体有益的多种营养物质。抗氧化物、钾和铁元素丰富，不但能促进造血，还有助于预防高脂血症、贫血和糖尿病。每100克莲藕只有67千卡的热量，属于低热量食材，同时富含膳食纤维，少量食用即可产生足够的饱腹感，还能促进肠胃运动，缓解便秘。特别是莲藕中的膳食纤维，大部分是非可溶性膳食纤维，具有促进淋巴循环，排出体内毒素，预防肥胖的卓越效果。

难易程度 简单

制作时间 15分钟

食材

- 莲藕100克
- 西蓝花1/3个
- 苹果1/4个
- 醋1大勺
- 盐1大勺

调味汁

- 无糖原味酸奶3大勺
- 芝麻粉1大勺
- 蛋黄酱1大勺
- 低卡糖1大勺
- 盐少许

1. 所有蔬菜用流水洗净，沥干。
2. 莲藕去皮、切片。
3. 水中放1大勺醋，将切好的莲藕放在里面浸泡10分钟。
   能防止莲藕变色、去掉涩味。
4. 沸水中放1大勺盐，放入莲藕焯烫5分钟。
5. 西蓝花切小朵后焯水。
6. 焯好的藕片和西蓝花过凉水后沥干。
   过凉水可使蔬菜保持原有的爽脆口感。
7. 苹果带皮切薄片。
8. 将藕片、西蓝花和苹果片装盘。
9. 淋上调好的调味汁，搅拌均匀即可。

☛ 关键点

- 去皮后的莲藕很容易变色，可在水里放点儿醋，把切片的莲藕放进去，防止变色。
- 莲藕性寒，食用过多容易引起腹痛、腹泻等症状，需要注意。
- 蔬菜焯水前，先在水里放1大勺盐，可让蔬菜更显鲜嫩。

3日排毒计划③

打造纤细的腰线

看到腰两侧像游泳圈一样的赘肉，你是不是特别发愁？因为侧腰的活动量比较少，除非刻意锻炼，否则非常容易产生赘肉。但如果你能坚持排毒饮食和有氧运动，随着体脂的下降，腰部线条也会逐渐显现出来。心急吃不了热豆腐，还是先养成健康的饮食和运动习惯吧，也许在某一天，你会突然发现明显的效果！

3日 任务

A

告别夜宵

晚饭后到睡觉前，最好不要再进食了。如果睡觉前吃东西，会让大脑错以为“现在不是该睡觉的时间，而是该活动的时间”，这样会影响睡眠质量。而且如果摄入太多脂肪和蛋白质，身体就需要很长时间消化，还容易患反流性食管炎。要想养成健康的生活习惯，首先就要戒掉夜宵。

多吃杂粮

请用杂粮代替白米饭，养成吃杂粮的习惯吧。糙米、燕麦、藜麦、鹰嘴豆等，只要是全谷物，随便哪种都好。杂粮属于复合碳水化合物，能延缓升糖速度，维持长时间的饱腹感，对减肥非常有帮助。而吃完容易长肉的白米属于单糖食物，会加快血糖升高速度，要不了多久人就会感到饥饿。

B

C

先吃蔬菜再吃主食和肉类

吃饭时，请养成先吃蔬菜，而不是碳水化合物的习惯。碳水化合物会即刻使血糖升高，而富含膳食纤维的蔬菜不会在肠胃中被快速消化吸收，这样就不会造成血糖迅速飙升，而且还能让人很快感受到饱腹感。

3日 推荐 运动

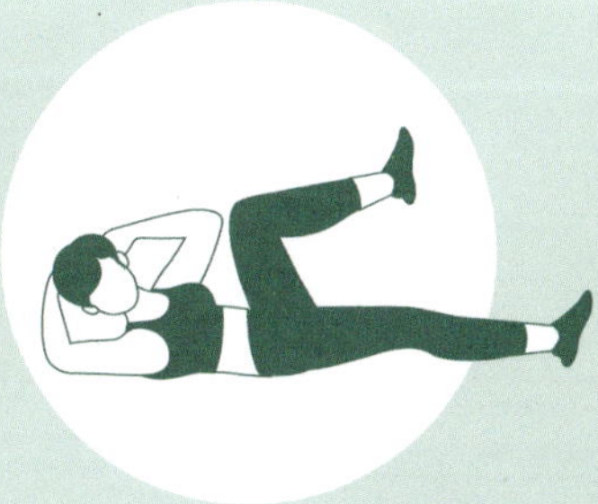

第❶天 单车式卷腹30秒

刺激整个腹部和侧腰，缩减腰围的动作

❶ 平躺在垫子上，双膝90度弯曲，两手抱于脑后。
❷ 上身抬起后扭转，用左手手肘触碰右膝盖，另一条腿向前伸直。
❸ 反方向重复同样的动作，像骑自行车一样手肘交替触碰对侧膝盖，坚持30秒。

※ 腰部紧贴地面，脖子和肩膀尽量放松。

第❷天 侧平板支撑每侧各15秒

紧实腰部曲线，去除腰部赘肉的动作

❶ 侧躺在垫子上，一侧手肘撑地，支撑起整个身体，双脚并拢，骨盆向上用力。
❷ 另一侧手臂置于腰部，保持身体平衡。
❸ 下腹部用力呼吸，维持姿势不动。

※ 骨盆位置摆正，胸部和骨盆面向前方，身体要呈一条直线。
※ 如果感觉有困难，可以将上面那条腿的膝盖弯曲，用脚掌撑地。

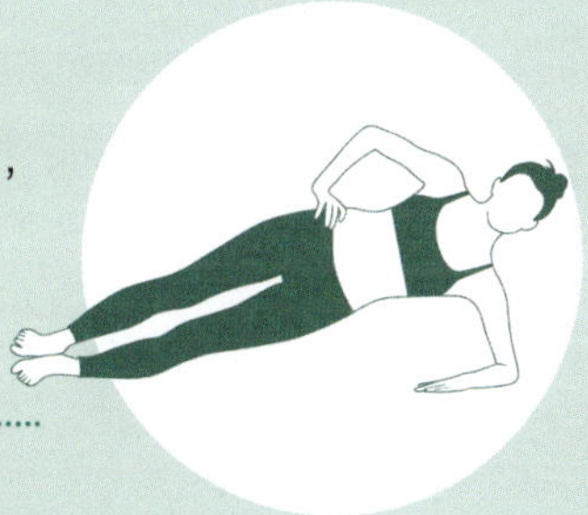

第❸天 扭转平板支撑30秒

打造“川”字腹肌最有效的动作

❶ 以肘部平板支撑为准备动作。
❷ 骨盆像画彩虹一样使身体左右画圈扭转。
❸ 骨盆上下扭转时注意不要接触地面

※ 肘部平板支撑：两手交叉置于胸前，和肘部呈三角形的平板支撑姿势。
※ 下腹部用力，上半身保持稳定。

※ 每个动作做2~3组，也可以3个动作连贯起来做。
※ 可在规定时间内按照自己的节奏重复动作。

동원참치
햄스빌 베이컨
HAMSVILLE BACON
160 g
No1

3日备餐清单

食材	调料
☑ 白萝卜 80 克	☑ 橄榄油
☐ 圆白菜 50 克	☐ 生抽
☐ 糙米饭 100 克	☐ 蛋黄酱
☐ 各色圣女果 29 个	☐ 香油
☐ 红、黄彩椒各 1/4 个	☐ 醋
☐ 沙拉菜 100 克	☐ 意大利香醋
☐ 蒜 15 瓣	☐ 白醋
☐ 虾仁 6 ~ 7 只	☐ 低卡糖
☐ 胡萝卜 1 个	☐ 蜂蜜
☐ 生菜或罗马生菜 2 片	☐ 整粒芥末籽酱
☐ 鸡蛋 3 个	☐ 无糖原味酸奶
☐ 坚果少许	☐ 柠檬汁
☐ 黄瓜 1/2 个	☐ 盐
☐ 紫洋葱 1/2 个	☐ 黑胡椒碎
☐ 芦笋 10 根	
☐ 球生菜 1/2 个	
☐ 黑芝麻（可选）少许	
☐ 金枪鱼罐头 50 克	
☐ 培根 2 片	
☐ 鸡胸肉 100 克	
☐ 全麦面包 1 个	
☐ 恰巴塔面包 1 个	

Day 1

334千卡

消除胀气

萝卜生菜金枪鱼配糙米饭

萝卜的水分含量在90%左右，每100克萝卜只有15千卡的热量，明显低于其他蔬菜。萝卜中含有的酶有分解体内脂肪和碳水化合物的作用，坚持吃能提高基础代谢率，有助于保持苗条的身材。此外，萝卜中含有能消除水肿的钙元素，以及美白皮肤和预防衰老的维生素C，益处多多。

难易程度 简单

制作时间 15分钟

食材

- 白萝卜80克
- 金枪鱼罐头50克
- 圆白菜50克
- 生抽1/2勺
- 蛋黄酱1/2勺
- 醋1勺
- 盐少许
- 黑胡椒碎少许
- 糙米饭100克
- 圣女果5个
- 黑芝麻（可选）少许

1. 白萝卜用清水洗净，去皮后切细丝。
2. 萝卜丝上撒盐腌制片刻，杀出水分。
3. 圆白菜洗净，切细丝备用。
4. 圣女果去蒂，对半切开。
5. 把萝卜丝里的水分攥干，和沥干的圆白菜丝一起放到碗中。
6. 倒入沥油后的金枪鱼罐头。
7. 加生抽、蛋黄酱和醋，搅拌均匀。
8. 尝尝味道，不够咸的话可以再加少许盐和黑胡椒碎。
9. 装盘，旁边摆上糙米饭和圣女果。
10. 最后撒黑芝麻。

关键点

白萝卜中的淀粉酶容易受温度影响，遇热会活性降低，钙和维生素C也容易溶于水，所以煮或炒的烹饪方式会造成营养元素流失。要想最大限度地吸收白萝卜中的营养物质，最好生吃，如拌沙拉或者榨汁。

338千卡
减少内脏脂肪

彩椒虾仁

Day 1

一提到彩色蔬菜就会让人想到彩椒，彩椒生吃水分充足，又富含膳食纤维、铁、维生素A和维生素B_1，是非常有营养的蔬菜。特别是其中含有大量维生素C等抗氧化成分，是番茄的5倍。而且每100克彩椒只有30千卡的热量，特别适合减脂期食用。红色的彩椒中还含有隐黄素，能有效燃烧脂肪。据实验结果表明，连续食用12周彩椒，内脏脂肪和体重都会下降，减脂效果非常显著。

难易程度 简单

制作时间 20分钟

食材

- 红、黄彩椒各1/4个
- 沙拉菜50克
- 蒜10瓣
- 虾仁6~7只
- 坚果少许
- 盐少许
- 黑胡椒碎少许
- 橄榄油适量

调味汁

- 橄榄油1大勺
- 生抽1大勺
- 意大利香醋1大勺
- 柠檬汁1/2小勺
- 黑胡椒碎少许

1. 所有蔬菜用流水洗净，沥干。
2. 彩椒去蒂，切成适口大小。
3. 蒜切片备用。
4. 锅中倒入橄榄油，先炒香蒜片。
5. 蒜片微微变色后放入虾仁一起翻炒。
6. 加盐和黑胡椒碎调味。
7. 放入彩椒翻炒。
8. 将调味汁的材料混合，搅拌均匀。
9. 盘中依次放入沙拉菜、炒虾仁和彩椒。
10. 倒入调味汁，撒一些坚果装饰。

关键点

短时间快炒不会造成彩椒中的维生素C过多流失，可充分被人体吸收。彩椒可以搭配肉类或海鲜用油炒，也可以将表皮烤软后直接吃。用喷枪把彩椒表面烤焦，再放到清水里，皮就很容易剥下来了。

200千卡
缓解便秘

胡萝卜拉佩沙拉三明治

Day 2

慢性便秘会导致细菌和废物在体内堆积，血液变混浊，从而引发疲劳、衰老和皮肤问题等。要想缓解便秘，最重要的是要补充大量膳食纤维，促进肠道运动。胡萝卜就是能有效缓解便秘的蔬菜之一。胡萝卜含有丰富的膳食纤维，能增强双歧杆菌的活性，促进肠道运动，维生素A还能起到净化皮肤的作用。那就让我们来做一道胡萝卜拉佩吧。胡萝卜拉佩是用胡萝卜丝腌制而成的法式腌菜，热量低且饱腹感强，特别适合减脂人士。可以一次多做一些放在冰箱保存，随吃随取。做成沙拉，作为牛排的配菜，或是放在三明治里吃，都是不错的选择。

难易程度 简单

制作时间 20分钟

食材

- 胡萝卜1个
- 全麦面包1个
- 生菜或罗马生菜2片
- 鸡蛋1个
- 盐少许
- 黑胡椒碎（可选）少许

调味汁

- 橄榄油3大勺
- 蜂蜜1½勺
- 整粒芥末籽酱1大勺
- 柠檬汁1大勺
- 盐少许
- 黑胡椒碎少许

☛ 关键点

胡萝卜拉佩做好后可放入冰箱腌制2小时再吃，会更入味。

1. 所有蔬菜用流水冲洗干净，沥干。
2. 用擦丝器将胡萝卜擦成丝。
3. 胡萝卜丝中放盐，腌制10分钟后倒掉多余水分。
4. 调好调味汁。
5. 把调味汁倒在胡萝卜丝里，搅拌均匀。
6. 全麦面包切片后放入空气炸锅里稍微加热，在上面铺上生菜叶，再码上胡萝卜丝。
7. 最后煎个鸡蛋夹在里面，可撒少许黑胡椒碎调味。

黄瓜鸡胸肉

257千卡

增强饱腹感

Day 2

黄瓜中95%都是水分，就像是一种天然的饮料，所以很多人爬山的时候会带上黄瓜，方便随时补水。多吃含水量高的黄瓜，对排出体内废物、缓解便秘也有很好的效果。黄瓜还含有丰富的维生素C等营养成分，碳水化合物含量也非常低，每100克只有10千卡左右的热量，非常适合减脂。特别是黄瓜的钙含量丰富，有助于排出多余的钠，从而起到消除水肿的作用。黄瓜皮里的钙含量是果肉的5倍，建议把黄瓜洗干净，带皮一起吃。平时可以把黄瓜放在冰箱里冷藏，口感会更清爽。能带来饱腹感又富含多种营养物质的黄瓜，是特别健康的减脂期食材。

难易程度 简单

制作时间 15分钟

食材

- 鸡胸肉100克
- 沙拉菜50克
- 黄瓜1/2个
- 紫洋葱1/4个
- 圣女果8个
- 橄榄油适量

调味汁

- 橄榄油2大勺
- 香油2大勺
- 低卡糖1大勺
- 生抽1/2小勺
- 意大利香醋1/2小勺
- 柠檬汁1/2小勺
- 盐少许
- 黑胡椒碎少许

1. 所有蔬菜用流水洗净，沥干。
2. 热锅中倒入橄榄油，将鸡胸肉煎至两面金黄。
3. 黄瓜不去皮，切丁备用。
4. 紫洋葱切细丝，在凉水中浸泡5分钟，去掉辛辣味。
5. 圣女果对半切开。
6. 煎好的鸡胸肉切厚片。
7. 调好调味汁。
8. 盘中依次放入沙拉菜、煎鸡胸肉和其余蔬菜。
9. 淋上调味汁即可。

关键点

鸡胸肉放在平底锅中，用中火两面煎至微黄后，盖上锅盖再焖一会儿，这样煎出来的鸡胸肉汁水丰富，口感一点儿都不干。

Day 3

247千卡
抑制食欲

芦笋鸡蛋圣女果沙拉

芦笋曾以“贵族蔬菜”的身份出现在达·芬奇名作《最后的晚餐》中，有“蔬菜之王”的美称。芦笋富含维生素A、B族维生素、维生素C、维生素E以及铁、镁、钙、叶黄素、蛋白质等多种营养物质，被评为世界十大蔬菜之一，因“超级食物”的身份深受人们喜爱。芦笋当中的营养元素有助于排出体内毒素，净化血液，能有效缓解过敏性皮炎、高血压和脂肪肝等问题。每100克芦笋只有12千卡的热量，碳水化合物含量也很低，减脂期食用再好不过了。芦笋能增加肠内有益菌，改善肠内环境，抑制食欲，从而帮助减轻体重，特别适合用在排毒沙拉中。这次我做的芦笋沙拉，可用来搭配牛排或三文鱼，或与意大利面、全麦面包同食。

难易程度 中等

制作时间 20分钟

食材

- 芦笋10根
- 各色圣女果10个
- 蒜5瓣
- 鸡蛋1个
- 恰巴塔面包1个
- 盐少许
- 黑胡椒碎少许
- 橄榄油适量

1. 所有蔬菜用流水洗净，沥干。
2. 芦笋去根，用刮皮刀刮去表面不平整的地方。
   根部切掉五六厘米，表面用水果刀或刮皮刀轻轻处理即可。芦笋可以整根食用，也可以根据配菜切段。
3. 圣女果去蒂，对半切开。
4. 蒜切片备用。
5. 平底锅中倒入橄榄油，先下蒜片和芦笋翻炒。
   芦笋煮着吃也没问题，但如果和圣女果一起炒，更能激发出圣女果的香味。
6. 加圣女果继续翻炒，加盐和黑胡椒碎调味。
7. 将恰巴塔面包放入空气炸锅，180℃加热两三分钟。
8. 煎一个鸡蛋或煮个荷包蛋，但一定要半熟。
9. 盘中放入炒好的芦笋，再放蒜片和圣女果。
10. 最上面放上荷包蛋，把蛋黄扎破，制造出流心效果。
11. 旁边放上烤好的面包，可撒少许胡椒粉调味。

关键点

芦笋和鸡蛋搭配特别合适。如果时间不充裕，可以把芦笋简单焯熟，上面放一个荷包蛋，撒点儿盐和黑胡椒碎，就是一道特别棒的前菜。重点是煎鸡蛋一定不要全熟，溏心蛋最佳!

球生菜楔形沙拉

259千卡

消除脂肪

Day 3

楔形沙拉是指把球生菜对半切开或四等分后，搭配番茄、培根等做成的沙拉。楔形模样的生菜沙拉比撕成一片一片的普通生菜沙拉看上去漂亮不少。生菜和其他的配菜搭配得当，会让人不知不觉吃下去很多。球生菜即便整个（约300克）吃下去也只有30千卡的热量，减脂期可以大胆食用。不过只有蔬菜的话有些单调，所以我又搭配了鸡蛋来补充蛋白质，加一些干果来补充健康的脂肪。这道菜可以作为轻食沙拉，也可以作为配菜，还可以当作招待客人的小吃。大家不妨周末做一次试试！

难易程度 简单

制作时间 15分钟

食材

- 球生菜1/2个
- 鸡蛋1个
- 紫洋葱1/4个
- 圣女果6个
- 培根2片
- 坚果少许
- 黑胡椒碎（可选）少许

调味汁

- 无糖原味酸奶3大勺
- 橄榄油1大勺
- 白醋1大勺
- 柠檬汁1/2小勺
- 低卡糖1/2小勺
- 盐少许
- 黑胡椒碎少许

关键点

可以加入薄薄的苹果片，增添几分酸甜的口感。其他如桃子、蓝莓、橘子、阳光青提等应季水果也都是不错的选择。

1. 去掉球生菜最外层的叶子，把根部拧下来去掉。
2. 把球生菜用流水洗净，沥干。
3. 紫洋葱和圣女果洗净、沥干。球生菜对半切开，再整理成楔形块备用。
4. 紫洋葱切碎，3个圣女果对半切开，剩余3个圣女果切成4等份。
5. 培根切成适口大小。
6. 热锅中放入培根，煎至变色，把煎出来的油脂倒掉不用。
7. 将煮好的鸡蛋对半切开。
8. 调好调味汁。
9. 盘中放入楔形生菜，再放上圣女果、紫洋葱和培根，淋入调味汁。
10. 旁边放煮鸡蛋。
11. 撒一些坚果，可撒少许黑胡椒碎调味。

3日排毒计划④

找回消失的下颌线

年轻时清晰的下颌线随着年龄的增长逐渐消失，开始“发腮”，你是否也有相同的经历？如果颈部和肩膀等处的淋巴系统循环不畅，脸看起来就会越来越肿。日常生活中人们因为看手机或电脑，会不知不觉长时间保持不正确的姿势，导致胸肌变短和弯腰驼背。我们需要经常做一些放松脖子和肩膀的动作来改善淋巴循环，这样才能找回消失的下颌线。

3日 任务

A

保持正确的姿势

微微驼背的姿势会妨碍血液循环，血液循环不畅会导致身体变成易胖体质。日常生活中要有意识地挺直腰，多做扩展胸部和肩膀的练习。

B

进食时间至少保证15分钟

为了达到吃得不多也能有满足感的效果，要养成每顿饭至少吃15分钟以上的习惯。如果一边吃饭一边看手机，注意力无法集中到饭菜上的话，就很难及时体会到饱腹感。

C

记录饮食

减脂期，饮食比运动更重要。如果一开始不知道饮食从哪里下手，可以先下载一个食谱类的手机软件，把每顿饭吃了什么记录下来。软件会根据你的身体情况给出建议的代谢量和进食量，还能帮你按食物种类或营养成分分类记录，有助于养成均衡饮食的好习惯。

3日 推荐 运动

第❶天 肩颈拉伸每侧各15秒

放松肩颈，促进淋巴循环的动作

❶ 坐姿准备，左手扶住头部右侧，向左拉伸。

❷ 保持姿势不动，正常呼吸。

❸ 反方向重复同样动作。

+追加动作：手移到后脑勺，头部由面向正面转向低头看右侧膝盖，充分拉伸颈部后面的肌肉。

※ 拉伸时，另一侧的肩膀要放松，后背挺直。

第❷天 肩部绕环30秒

纠正“乌龟脖”和圆肩，拯救下颌线的动作

❶ 站立或坐着均可，两侧肩膀向上向后画圈后回到原位。

❷ 一边正常呼吸一边重复肩部画圈的动作。

※ 画圈时肩膀和胳膊要彻底放松。

第❸天 兔子式30秒

促进上肢循环，打造脸部和颈部线条的动作

❶ 双膝跪在垫子上，双手握住脚后跟。

❷ 呼气，上半身向下弯曲，额头碰膝盖，臀部上抬，额头贴地。

❸ 保持姿势不动，正常呼吸。

※ 头向下时脊椎必须保持直立。

※ 每个动作做2~3组，也可以3个动作连贯起来做。

※ 可在规定时间内按照自己的节奏重复动作。

해초미인 슬림
다시마면
2無
180g
fresh
MOZZARELLA
국산 원유 100%
Mini
125G
Denmark

3日备餐清单

食材

- [x] 沙拉菜 50 克
- [ ] 罗马生菜或生菜 8 片
- [ ] 圣女果 23 个
- [ ] 香蕉 1 个
- [ ] 土豆 2 个
- [ ] 鸡蛋 3 个
- [ ] 胡萝卜 3/4 个
- [ ] 黄瓜 1 个
- [ ] 豌豆 1/2 杯
- [ ] 牛油果 1/2 个
- [ ] 罗勒叶 10 片
- [ ] 西葫芦 1 个
- [ ] 圆白菜少许
- [ ] 紫甘蓝 1/4 个
- [ ] 蒜 10 瓣
- [ ] 大葱 1 根
- [ ] 黄彩椒 1/2 个
- [ ] 口蘑 3 个
- [ ] 鸡腿肉 100 克
- [ ] 鸡胸肉 100 克
- [ ] 黑橄榄片（可选）少许
- [ ] 迷你马苏里拉奶酪 5 ~ 6 块
- [ ] 黄油 1 块
- [ ] 即食海带面条 1 包

调料

- [x] 橄榄油
- [ ] 香油
- [ ] 意大利香醋
- [ ] 白葡萄酒醋
- [ ] 柠檬汁
- [ ] 生抽
- [ ] 味极鲜酱油
- [ ] 料酒
- [ ] 黑胡椒碎
- [ ] 清酒（可选）
- [ ] 蒜末
- [ ] 洋葱末
- [ ] 蛋黄酱
- [ ] 整粒芥末籽酱
- [ ] 低卡糖
- [ ] 盐

371千卡
排出毒素

烤香蕉鸡腿排

Day 1

香甜的香蕉是基本上没有人会不喜欢的大众水果。一个香蕉的热量为130～140千卡，虽然相比其他水果或蔬菜略高，但因为含有丰富的膳食纤维，饱腹感强，所以常被用作长时间运动时的能量补给，也属于适合减脂期食用的水果之一。这次我用烤过的香蕉和鸡腿肉做了一道轻食。香蕉烤制后水分充分挥发，营养被浓缩，反而更有利于我们摄取其中的营养成分。把香蕉带皮放进微波炉加热5分钟，可以轻松做出烤香蕉，这次我主要介绍用平底锅烤制的方法。

难易程度 中等

制作时间 25分钟

食材

- 香蕉1个
- 沙拉菜50克
- 圣女果7个
- 鸡腿肉100克
- 橄榄油适量

调味汁 1

- 橄榄油1大勺
- 香油1大勺
- 意大利香醋1大勺
- 盐少许
- 黑胡椒碎少许

调味汁 2

- 生抽3大勺
- 味极鲜酱油1大勺
- 料酒2大勺
- 低卡糖1大勺
- 清酒（可选）1大勺
- 蒜末1/2小勺
- 黑胡椒碎少许

1. 沙拉菜用流水洗净，沥干。
2. 圣女果洗净，对半切开备用。
3. 鸡腿肉用流水冲洗干净后，切掉多余脂肪。
4. 用厨房纸巾将鸡腿肉表面的水分吸干。
5. 锅中倒入橄榄油，油热后放入鸡腿（带皮一面向下），用中火煎制片刻后转小火。
6. 调好调味汁2，倒入锅中，将鸡腿肉煎至两面金黄。
7. 香蕉去皮，切成合适的大小。
8. 平底锅中倒入橄榄油，放入香蕉煎至颜色变深。
9. 盘中依次放入沙拉菜、圣女果和烤香蕉。
10. 最后放入煎好的鸡腿肉，在蔬菜上倒入调好的调味汁1，就完成了！

关键点

香蕉吃太多会导致体寒，所以在人体免疫力相对较低的冬季最好把香蕉加热再吃。这点对那些冬天容易手脚冰凉或爱头疼、痛经的人来说，尤其需要注意。

2

4

5

6

7

8

Day 1

376千卡
排出钠

土豆泥

土豆富含钙，有助于排出体内堆积的钠，缓解脸部水肿，调节血压。此外，土豆因含有丰富的维生素C，被称为“土里长出来的苹果”，还能起到美白和镇静肌肤的效果。土豆中含有的碳水化合物能给人带来饱腹感，抑制食欲。丰富的膳食纤维可阻碍人体对脂肪和糖分的吸收，从而起到延缓血脂和血糖升高的作用。

难易程度 中等
制作时间 30分钟

食材

- 土豆2个
- 鸡蛋1个
- 胡萝卜1/4个
- 黄瓜1/2个
- 黄油1块（10克）
- 盐少许
- 黑胡椒碎少许

调味汁

- 蛋黄酱3大勺
- 整粒芥末籽酱1大勺
- 低卡糖1大勺
- 柠檬汁1/2小勺
- 盐少许
- 黑胡椒碎少许

1. 所有蔬菜用流水冲洗干净，沥干。
2. 将洗净的土豆放在蒸锅中蒸20分钟左右。
3. 胡萝卜切丝，黄瓜带皮切片。
4. 在胡萝卜和黄瓜上撒少许盐，腌制5分钟。
   5分钟后倒掉渗出的水分。
5. 沸水中加1小勺盐，放入鸡蛋煮15分钟至全熟。分离蛋白和蛋黄，蛋白切碎，蛋黄用滤网碾碎。
6. 将煮好的土豆剥皮，放在碗里用叉子碾成泥，加黄油混合均匀。
   最好从蒸锅里拿出来就马上碾成泥，这样比冷掉之后更容易操作。
7. 土豆泥中加盐和黑胡椒碎调味，混合均匀。
8. 碗中放入土豆泥、蛋白、黄瓜、胡萝卜以及3勺调好的调味汁，搅拌均匀。
   调味汁可根据个人喜好酌情增减。
9. 把做好的土豆泥倒在盘子里，撒上蛋黄碎。

※ 快速去除土豆皮的方法
1. 在土豆上横向绕圈浅浅地划一刀。
2. 蒸好后，从划开的地方往外一撕，皮就像壳一样被剥下来了。

关键点

土豆中的淀粉能防止维生素C被破坏，所以煮着吃不会影响营养成分的吸收。不过用微波炉加热或用蒸的方式，维生素C能够更多地被人体吸收。

Day 2

463千卡
排出钠

豌豆考伯沙拉

如果你喜欢豆类食物和沙拉，可以尝试一下这个食谱。圆滚滚的豌豆外形可爱，不但吃起来很香，还有着其他豆类所没有的一些营养素，是减脂期绝佳的健康食物。豌豆是豆类食物中膳食纤维含量较高的，叶绿素也非常丰富，排毒效果优秀，还能帮助受损血管细胞再生，对血管健康有益。此外豌豆当中的钙有助于血管内钠的排出，从而有效消除脸部和腿部等水肿。豌豆中的皂苷能发挥抗炎的作用。这样说来，是不是应该经常吃些豌豆呢？考伯沙拉的名称来源于一位名叫考伯的厨师用厨房里的剩蔬菜制作的沙拉，可以简单理解为用冰箱里现有的食材制作沙拉的方法。

难易程度 简单
制作时间 20分钟

食材

- 豌豆1/2杯
- 圣女果6个
- 鸡蛋1个
- 牛油果1/2个
- 鸡胸肉100克
- 圆白菜少许
- 黑橄榄片（可选）少许
- 盐少许
- 黑胡椒碎少许
- 橄榄油适量

调味汁

- 橄榄油4大勺
- 白葡萄酒醋（或醋）4大勺
- 低卡糖1大勺
- 整粒芥末籽酱1大勺

关键点

考伯沙拉一般使用玉米粒，但这次我用豌豆粒来代替。豌豆中的植物性蛋白质中含有人体必需的氨基酸，真是小小的豌豆，满满的蛋白质啊。

1. 豌豆用流水冲洗干净。
   要选外皮是深绿色且看起来饱满不干瘪的豌豆。
2. 锅中加入1升水，煮开后加1小勺盐，放入豌豆煮5分钟。
3. 将煮熟的豌豆放在沥水盆里，用凉水冲一遍。
4. 沸水中加1小勺盐，放入鸡蛋煮15分钟至全熟。
5. 锅中倒入橄榄油，油热后放鸡胸肉煎至两面金黄，加盐和黑胡椒碎调味。盛出后切成适口大小。
6. 圣女果、牛油果和圆白菜洗净后切成适口大小。
7. 调好适合考伯沙拉的法式调味汁。
8. 盘中依次放入鸡胸肉、圆白菜、煮鸡蛋、黑橄榄片、圣女果、牛油果、豌豆，最后浇上调味汁即可。

※ 豌豆的保存方法
豌豆带皮放进保鲜袋，冰箱冷藏保存即可。也可以剥皮后冷冻，做杂粮豆饭时拿出来放几粒。

Day 2

意大利卡布里番茄奶酪沙拉

162千卡

排出毒素

水肿是细胞间堆积的水分超过正常值导致的。持续水肿可能会引发疼痛，所以必须在日常生活中养成良好的习惯来预防水肿，摄取有利于消肿的食物。番茄价格便宜又方便购买，能做成意大利面、沙拉、果汁等各式各样的菜肴，是必须列入减脂期食材清单的蔬菜。坚持吃番茄有利于排出体内多余的钠，血液得到净化后肤色也会变得红润起来。每100克番茄的热量只有17千卡，一个番茄（200克）只有30多千卡的热量，可以毫无负担地享用。这次我用酸甜爽口的圣女果搭配马苏里拉奶酪，再加上罗勒，来做一道源自意大利卡布里岛的番茄奶酪沙拉。

难易程度 简单

制作时间 10分钟

食材

- 圣女果10个
- 迷你马苏里拉奶酪5~6块
- 罗勒叶10片
- 黑橄榄片（可选）少许
- 盐少许
- 黑胡椒碎少许

调味汁

- 橄榄油1大勺
- 生抽1大勺
- 意大利香醋1大勺
- 柠檬汁1/2小勺
- 蒜末1/2小勺
- 洋葱末1/2小勺

关键点

未成熟的圣女果有一定毒性，容易引发呕吐和腹泻，所以必须要等它变成深红色，皮变得有韧劲，掂起来有一定分量时再吃。圣女果去蒂后室温保存，比放进冰箱冷藏更能长时间保鲜。

1. 圣女果洗净后对半切开。
2. 罗勒叶清洗干净。
3. 准备好迷你马苏里拉奶酪。
   如果买的是大块的，可以切成小块再用。
4. 黑橄榄片沥干。
5. 将调味汁搅拌均匀。
6. 将处理好的食材全部放进盘中，淋上调味汁。
7. 可适量加盐和黑胡椒碎调味。

1

2

5

109千卡
增强饱腹感

西葫芦温沙拉

Day 3

每100克西葫芦热量只有17千卡，富含膳食纤维，吃很少就会产生饱腹感，是非常优秀的减脂食材。它还能促进新陈代谢，帮助燃烧脂肪，使身体变成易瘦体质。这是因为西葫芦含有能促进脂肪燃烧的维生素A和能促进新陈代谢的碘。但西葫芦必须搭配蛋白质和膳食纤维丰富的健康饮食和适量运动，才能发挥出最佳的减肥效果。这次我用冰箱里现有的食材和西葫芦做了一道温沙拉，推荐给大家。

难易程度 简单

制作时间 20分钟

食材

- 西葫芦1个
- 紫甘蓝1/8个
- 蒜10瓣
- 大葱1根
- 黄彩椒1/2个
- 胡萝卜1/4个
- 口蘑3个
- 罗马生菜或生菜5片
- 盐少许
- 黑胡椒碎少许
- 橄榄油适量

调味汁

- 水2大勺
- 味极鲜酱油1大勺
- 意大利香醋1大勺
- 低卡糖1大勺

关键点

西葫芦遇到油，其中的脂溶性维生素才能被人体吸收。胡萝卜也是同样，炒过之后营养成分才能被最大限度地消化吸收。

1. 将所有蔬菜用清水洗净，备用。
2. 西葫芦切片。
3. 紫甘蓝切成8等份，备用。
4. 大葱先切成五六厘米长的段，再对半切开。
5. 蒜切成厚片。
6. 黄彩椒、胡萝卜、口蘑切成适口大小。
7. 热锅中倒入橄榄油，加葱、蒜中火翻炒。
8. 炒出香味后盛出，放入西葫芦片，煎至两面微微焦黄，加盐和黑胡椒碎调味。
9. 将除了生菜叶以外的其他食材以及搅拌均匀的调味汁全部倒入锅中翻炒均匀，转小火慢慢煎。
10. 盘中铺生菜叶，倒入炒好的蔬菜就完成了。

生菜叶如果觉得太大可以撕成几块。光吃蔬菜不够的话还可以搭配蛋白质丰富的鸡肉、鸡蛋或糙米饭，这样就是一顿暖暖的减脂套餐了。

130千卡
促进淋巴循环

拌海带面

Day 3

淋巴循环对人体来说和血液循环同样重要。如果你睡得挺好但起床后脸部浮肿，皮肤看上去没有光泽，人看着无精打采，很可能就是淋巴循环不畅导致的。进入人体内的各种杂质通过淋巴进行排毒，如果淋巴循环不畅，免疫系统就无法正常运转，体内毒素就会和体液一起静止，导致水肿或引起炎症。能促进淋巴循环的食物包括海藻类、坚果类和蔬菜，其中海带富含水溶性膳食纤维，能有效帮助体内杂质通过大小便排出体外。这次我用海带面条和蔬菜，只用5分钟就做出了一顿超简单的减脂餐，快和我一起来试试吧。

难易程度 简单

制作时间 5分钟

食材

- 即食海带面条1袋
- 生菜3片
- 紫甘蓝1/8个
- 胡萝卜1/4个
- 黄瓜1/2个
- 鸡蛋1个
- 盐少许

1. 将所有蔬菜洗净，备用。
2. 紫甘蓝和胡萝卜切丝。
3. 生菜撕成适口大小，黄瓜切丝。
4. 沸水中加盐，放入鸡蛋煮15分钟至全熟。
5. 打开海带面条的包装，将多余的水倒掉。
6. 将海带面条放在流水下稍微冲洗，倒入碗中。
7. 加入切好的蔬菜和对半切开的鸡蛋。
8. 拌入自带的料包即可食用。

关键点

市面上销售的海带面条有即食袋装的，非常方便，大家可以随意选择品牌。我食谱中使用的海带面条，每180克（不包括包装袋里面的水）只有11千卡的热量，可以在减脂期放心食用。搭配新鲜蔬菜吃起来口感爽脆，烹饪方法又简单，只需要花几分钟就能吃上，下班回到家不妨试一下这道快手轻食。

腹部

腿部

腰部

下颌线

皮肤

3日排毒计划⑤

让皮肤更有光泽

如果皮肤没有活力，看上去干燥且黯淡无光的话，极有可能是因为血液循环不畅导致的。我们需要经常做拉伸运动来促进身体血液循环，加快新陈代谢，帮助皮肤排毒。通过健康饮食和运动来提亮肤色并不难！

3日 任务

A

摄取维生素C

维生素C是优秀的抗氧化剂，能对皮肤起到保护作用，加快皮肤再生的速度，提亮肤色。平时应多吃富含维生素C的水果和蔬菜，也可以通过保健品来补充缺乏的维生素C。

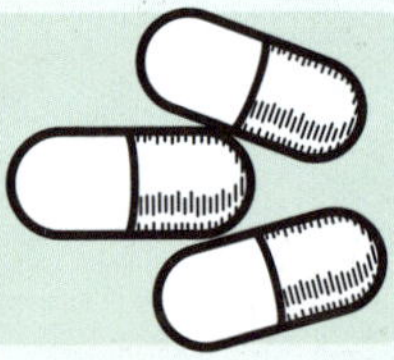

保证至少7小时睡眠

充足的睡眠是皮肤干净有光泽的必要条件。皮肤通过睡眠进行修复和再生，睡眠不足很容易导致湿疹、牛皮癣和皮肤老化等问题的发生。

B

C

缓解压力

心理压力会加速皮肤衰老。压力与人体免疫系统有着很深的关联，对皮肤健康也会有不良影响。找到适合自己的缓解压力的方法来保护我们皮肤的健康吧。

3日 推荐 运动

第❶天 向后仰头伸展15秒×2次

促进颈部淋巴循环，让皮肤更有弹性的动作

❶ 双手合十，拇指抵在下巴和脖子之间，头向后仰。
❷ 拉伸前颈部的同时，注意肩膀应充分放松，不要耸肩。
❸ 保持姿势，正常呼吸。

※ 尽可能放松脖子和肩膀。

第❷天 脸部按摩10次×随时

让皮肤更细腻、有光泽的动作

将嘴张到最大，按照英文I-E-O的顺序重复发音10次。可随时做。

※ 面部肌肉不主动活动容易僵化，脸上也会缺少血色。左右脸交替鼓起的动作也会有所帮助，可以一起练习。

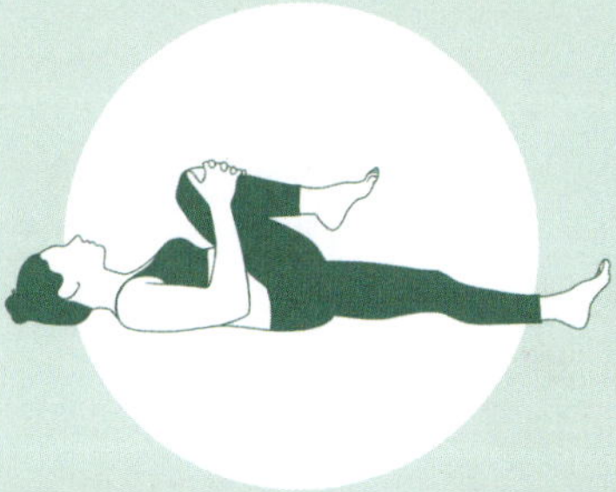

第❸天 平躺单手抱膝每侧各15 秒

排出体内废气，促进血液循环的动作

❶ 平躺在垫子上，一侧膝盖压向胸部。
❷ 两手交叉抱住膝盖。
❸ 呼气时双手用力将膝盖向胸口方向拉紧。另一条腿重复同样的动作。

※ 注意下巴不要抬起，臀部不要离开地面。

※ 每个动作做2~3组，也可以3个动作连贯起来做。
※ 可在规定时间内按照自己的节奏重复动作。

Burrata
DIVELLA
PASTA INTEGRALE
Ricco di Fibre
Spaghetti
500 g
17.6 oz
Ricotta
리코타치즈
식물성 지구식단
2023.03.16
Prosciutto
프로슈토

3日备餐清单

食材		调料
☑ 沙拉菜 140 克	☐ 布拉塔奶酪 1 个	☑ 橄榄油
☐ 嫩叶蔬菜 1 把	☐ 即食豆腐面条 1 袋	☐ 生抽
☐ 蒜 10 瓣	☐ 鸡小胸肉 100 克	☐ 意大利香醋
☐ 虾仁 6 ~ 7 只	☐ 豆腐 1/4 块（70 克）	☐ 低卡糖
☐ 菠菜 100 克	☐ 腰果 70 克	☐ 柠檬汁
☐ 草莓 8 个	☐ 坚果 30 克 + 少许	☐ 蜂蜜
☐ 猕猴桃 1 个		☐ 醋
☐ 圣女果 16 ~ 18 个		☐ 蒜末
☐ 蓝莓 10 个		☐ 芝麻粉
☐ 牛油果 1/2 个		☐ 盐
☐ 丑橘 1 个		☐ 黑胡椒碎
☐ 紫洋葱 1/8 个		☐ 帕玛森奶酪粉
☐ 洋葱 1/4 个		☐ 辣椒碎或欧芹碎（可选）
☐ 樱桃萝卜少许		
☐ 红、黄彩椒各 1/4 个		
☐ 胡萝卜 1/4 个		
☐ 口蘑 3 个		
☐ 茄子 1/4 个		
☐ 蒸红薯 1/2 个		
☐ 里科塔奶酪少许		
☐ 全麦意面 100 克		
☐ 牛奶 50 毫升		
☐ 意大利熏火腿少许		

505千卡
美肤

菠菜青酱意面

Day 1

菠菜富含对皮肤健康有益的维生素A、维生素C、维生素E，这些成分能抑制体内氧化反应，有抗衰和抗炎的功效，对处于生理期或孕产期容易缺铁的女性还能起到预防贫血的作用。菠菜含有叶酸和抗氧化剂，不但能预防老年痴呆、改善视力，还能降血脂，帮助排出体内毒素。菠菜青酱可以与牛奶和奶酪混合做成意面酱，也可以抹在全麦面包上，或做成三明治。青酱倒在玻璃瓶中放入冰箱冷藏，可以保存一周左右。

难易程度 中等

制作时间 25分钟

食材

- 全麦意面100克
- 菠菜100克
- 蒜10瓣
- 虾仁6~7只
- 嫩叶蔬菜1把
- 牛奶50毫升
- 盐少许
- 黑胡椒碎少许
- 帕玛森奶酪粉（可选）少许
- 橄榄油适量

青酱

- 坚果50克
- 橄榄油5大勺
- 盐少许
- 黑胡椒碎少许

1. 深锅中倒入足量水煮沸。
2. 煮沸后加盐，放入全麦意面煮熟。
3. 煮面的同时将菠菜洗净，放在容器中，加盖，用微波炉加热两三分钟。
4. 将菠菜和青酱材料用搅拌机打碎，制成青酱。
   青酱倒入玻璃瓶后，最上面倒一些橄榄油来隔绝空气，可有效防止青酱变质。
5. 将装饰用的嫩叶蔬菜冲洗干净，沥干。
6. 意面煮至八九分钟时挑出一根尝尝是否煮熟，口感合适的话就可以捞出来了。
7. 平底锅中倒入橄榄油，放入蒜瓣，中火翻炒约2分钟。
8. 放入虾仁继续翻炒熟。
   也可以加一些冰箱里现有的蔬菜一起炒。
9. 将菠菜青酱倒入锅中翻炒均匀。
10. 加牛奶稍煮片刻，放入意面搅匀后即可盛出。
11. 盘中放入意面，上面用嫩叶蔬菜装饰。
12. 可用盐、黑胡椒碎或帕玛森奶酪粉调味。

关键点

菠菜经水煮后会流失一部分水溶性营养素，最好洗净后放在容器中，盖上盖，用微波炉来加热。

猕猴桃布拉塔奶酪沙拉

406千卡

缓解便秘

Day 1

减脂期进食量减少，会引起很多身体反应，最常见的就是便秘。只有肠道正常蠕动，排便系统才会正常工作，体内毒素才能顺利排出体外。反之，体内毒素长期滞留在肠道中，会引发皮肤问题，对免疫力也会产生不良影响。猕猴桃中含有的纤维素能使水分保存更长时间，有利于肠道运动，从而缓解便秘。特别是猕猴桃中含有的猕猴桃碱还能起到助消化和分解肉类、豆类蛋白质的作用。炖肉时加一点儿猕猴桃，猕猴桃碱能分解蛋白质，让肉质更加嫩滑。

难易程度 简单

制作时间 10分钟

食材

- 猕猴桃1个
- 圣女果6~7个
- 沙拉菜30克
- 布拉塔奶酪1个
- 蓝莓10个
- 意大利熏火腿少许

调味汁

- 橄榄油2大勺
- 生抽1大勺
- 意大利香醋1大勺
- 低卡糖1/2小勺
- 柠檬汁1/2小勺
- 盐少许
- 黑胡椒碎少许

1. 将水果和蔬菜用流水洗净，沥干。
2. 猕猴桃对半切开，再切成厚1厘米的片。

   猕猴桃带皮吃能摄入更多营养成分，但如果不喜欢表皮粗糙的口感，去皮也可以。
3. 圣女果对半切开。
4. 盘中依次放入沙拉菜、猕猴桃、圣女果、蓝莓和意大利熏火腿。
5. 最后放入布拉塔奶酪，淋上拌好的调味汁即可。

   买来的布拉塔奶酪如果是冷冻状态的，需要提前放在冷藏室解冻。口感润滑且味道清淡的布拉塔奶酪能和所有水果搭配食用。

关键点

黄金猕猴桃、绿猕猴桃都富含维生素C、维生素E、钙、叶酸以及其他抗氧化物质，沙拉里放一些猕猴桃不但能增加酸甜的口感，还有益肠道和皮肤健康，建议大家多吃！

Day 2

390千卡
保护皮肤健康

牛油果豆腐面条

减脂期吃腻了鸡胸肉和鸡蛋？那跟我来学做这道用牛油果和豆腐面条做的减脂餐吧。如果平时碳水化合物摄入比较多，我建议现在开始每天至少有一顿饭要吃只含蛋白质和膳食纤维的轻食。牛油果被誉为“森林黄油”，营养价值非常丰富。牛油果的抗氧化成分能调节人体免疫力，帮助排出毒素，有益肝脏健康。此外，其中的单一不饱和脂肪酸还能提高皮肤表皮的含水量，让皮肤更有光泽的同时减少皮肤问题的发生。做菜剩下的牛油果可以搭配明太鱼子拌饭，也可以做成牛油果酱抹在三明治里或拌沙拉用。

难易程度 简单

制作时间 10分钟

食材

- 牛油果1/2个
- 即食豆腐面条1袋（100克）
- 沙拉菜30克
- 辣椒碎或欧芹碎（可选）少许

调味汁

- 橄榄油3大勺
- 生抽3大勺
- 柠檬汁2大勺
- 蜂蜜2大勺
- 醋1大勺
- 蒜末1/2小勺
- 盐少许
- 黑胡椒碎少许

关键点

没成熟的牛油果存在一定毒性，需要等表皮颜色变深，完全成熟后再食用。成熟的牛油果生吃就很好吃。

1. 沙拉菜洗净，沥干。
2. 豆腐面条用清水漂洗一遍。
3. 牛油果纵向切一圈，轻轻扭动后掰开。
4. 牛油果去皮，切成薄片。
5. 盘中放入沥干的沙拉菜。
6. 旁边放豆腐面条，放上牛油果。
7. 淋上拌匀的调味汁。
8. 最后撒辣椒碎或欧芹碎。

223千卡

抗皮肤衰老

丑橘里科塔奶酪沙拉

Day 2

这是一款酸甜口味的沙拉。丑橘富含维生素C，能促进胶原蛋白生成，有祛斑的功效，还能在免疫力相对较弱的冬天预防感冒。丑橘含有维生素P，能降低低密度胆固醇，防止血管内脂肪堆积。除了丑橘以外，也可以用蜜橘、草莓、苹果等其他水果代替。不过需要注意，丑橘是寒性食物，寒性体质或容易腹泻的人要谨慎食用。

难易程度 简单

制作时间 10分钟

食材

- 丑橘1个
- 沙拉菜50克
- 圣女果7~8个
- 紫洋葱1/8个
- 樱桃萝卜少许
- 里科塔奶酪少许
- 坚果（可选）少许

调味汁

- 橄榄油2大勺
- 意大利香醋2大勺
- 蜂蜜1大勺
- 柠檬汁1大勺
- 盐少许
- 黑胡椒碎少许
- 芝麻粉少许

关键点

最好选择皮薄、分量沉的丑橘，这种甜度较高。如果橘皮松软或皱皱巴巴的，很有可能不新鲜或不甜。

1. 将沙拉菜和丑橘洗净后沥干。
2. 丑橘切开，取出果肉。
3. 紫洋葱切细丝，在凉水中浸泡，去除辛辣味。
4. 圣女果切成4等份，樱桃萝卜切薄片备用。
5. 盘中依次放入沙拉菜、紫洋葱和其他蔬果。
6. 放入奶酪和稍碾碎的坚果，最后淋上拌匀的调味汁即可。

250千卡

生成胶原蛋白

彩椒洋葱炒鸡胸

Day 3

彩椒因其有助于减肥和美容养颜的功效而被大家所熟知。

很多人会把彩椒和青椒搞混，其实彩椒是青椒改良后的品种，比青椒水分更足，味道更甜，特别是烤过以后甜味会更加明显，与烤肉是绝配。吃半个彩椒就能满足成年人每日维生素C的需求量。不同颜色的彩椒功效也各不相同，红色彩椒具有抗癌和抗氧化的作用，还能调节免疫力；橙色彩椒能抑制黑色素生成，有美白和缓解皮炎的效果；黄色彩椒含有钙和锌等矿物质，有助于儿童成长发育。这次我用煎鸡胸肉与彩椒做了一道饱腹感满满的减脂美食，推荐给大家。

难易程度 简单

制作时间 15分钟

食材

- 红、黄彩椒各1/4个
- 洋葱1/4个
- 胡萝卜1/4个
- 口蘑3个
- 茄子1/4个
- 鸡小胸肉100克
- 圣女果3个
- 蒸红薯1/2个
- 橄榄油适量

调味汁

- 橄榄油1大勺
- 生抽1大勺
- 意大利香醋1大勺
- 低卡糖1大勺
- 柠檬汁1/2大勺
- 黑胡椒碎少许

☛ 关键点

鸡小胸肉有嚼劲又口感嫩滑，蛋白质含量非常高，建议加到减脂菜单中。

1. 所有蔬菜用清水洗净，沥干。
2. 彩椒去蒂，切成小块。
3. 圣女果去蒂，对半切开。洋葱切小块。
4. 胡萝卜、口蘑和茄子切小块。
5. 蒸红薯切小块备用。
6. 鸡小胸肉解冻后切成合适的大小。

   鸡小胸肉从冷冻室拿出来后，可在凉水中浸泡 10 分钟，这样比室温解冻的速度快。
7. 平底锅中倒入橄榄油，先将鸡小胸肉煎至两面金黄。
8. 快熟时加入彩椒、洋葱、胡萝卜、口蘑和茄子，倒入3～5大勺调匀的调味汁一起翻炒。
9. 炒熟后盛出摆盘，最后摆入圣女果和蒸红薯即可。

2

3

4、5

6

7

8

198千卡
补充维生素

草莓豆腐奶酪沙拉

Day 3

每天吃8颗草莓就能达到成年人每日维生素C的建议摄取量（100毫克）。草莓富含维生素C，能去除体内因疲劳和压力产生的活性氧，抑制致癌物生成。其中的鞣花酸成分还能保护胶原蛋白不被破坏，防止炎症产生，延缓衰老。100克草莓只有27千卡的热量，比人们常用的减脂水果香蕉（93千卡）和苹果（57千卡）的热量还低，可以放心食用。但如果一次吃太多，果糖可能会过量，也是不利于减肥的，这点还需注意。我这次尝试用健康的食材模仿奶油奶酪的柔和甜美口感，做出了豆腐奶酪，再搭配沙拉菜和调味汁，制作出一道味道酸甜可口的健康沙拉。

难易程度 中等

制作时间 15分钟

食材

- 草莓8个
- 沙拉菜30克
- 豆腐1/4块（70克）
- 腰果70克

※至少要提前浸泡5小时才好剥开。

- 柠檬汁1/2大勺
- 盐少许

调味汁

- 橄榄油2大勺
- 意大利香醋2大勺
- 蜂蜜1大勺
- 柠檬汁1大勺
- 盐少许
- 黑胡椒碎少许

关键点

草莓和奶酪搭配在一起是不会失败的组合。不过，普通的奶酪热量和脂肪含量都很高，最好买低脂的。

1. 草莓和沙拉菜用流水冲洗干净，沥干。
2. 草莓去蒂，对半切开。
3. 豆腐放入沸水中焯烫1分钟左右。
4. 将焯好的豆腐捞出沥干。
5. 豆腐随意切几下，和腰果按1：1的比例放进破壁机中搅打至黏稠。
6. 加适量水调整浓稠度，不要太稀。
7. 再加柠檬汁和盐调味。
8. 盘中放入沙拉菜、草莓和豆腐奶酪。
9. 淋入调味汁即可。

剩余调味汁可放冰箱冷藏，两三天内用完。

我的减肥笔记

- **减脂期随着饮食量的减少，容易产生便秘。**但实际上我们不应单纯地少吃，而是要有选择性地少吃对身体健康有害的食物，多吃有益的食物。此外，如果养成多喝水的好习惯，也能解决便秘的问题，达到健康减脂的目的。

- **为了消除水肿，**除了吃一些有助于消肿的食物外，养成预防水肿的生活习惯也非常重要。我平时为了促进循环，会随时按摩手、脚和脸部，刺激这些容易堆积毒素的地方，还会利用碎片时间进行拉伸和有氧运动。

- **每餐健康地吃饱，随时补充水分，就能有效预防便秘。**起床后是人体最需要补充水分的时候，我每天早上起床后都会先喝一杯温水。如果喝凉水，身体需要消耗能量让水变热。喝温水不但能提高吸收率，还能缓解便秘。

- **以生鲜水果、蔬菜和谷物为主的饮食有利于排出体内毒素。**如果单吃这些可能会吃不下，可以在吃肉时搭配蔬菜，或是煮饭时加一些糙米、燕麦、藜麦，从微小的饮食习惯开始慢慢培养。

- **如果身体会无缘无故出现一些轻微疼痛，建议用泡沫轴放松筋膜。**筋膜是包裹肌肉的一层薄膜。随着年龄增长，筋膜会逐渐变得僵硬，引发肌肉和关节疼痛。单纯依靠拉伸很难解决所有筋膜问题，可以每天抽出5分钟时间，用泡沫轴在颈部、肩膀、大腿和臀部滚一滚，身体就能轻松不少。

- **要想在身心健康的状态下成功减肥，良好的睡眠非常重要。**为了睡个好觉，我会关掉发白光的LED灯，打开有黄色光源的台灯，还会拉上遮光窗帘，挡住所有光线。尽量远离一切电子设备发出的微弱光，手机最好也放在离床头较远的地方。

- **养成吃饭时专注于食物的习惯。**如果一边看视频，或是一边工作一边吃饭，你会不清楚自己已经吃了多少，也无法及时感觉到饱腹感，容易吃多。从今天开始，把精力集中到你所吃的食物上，细细品味食物本来的味道吧。

- **养成经常观察自己身体的习惯。**什么？赘肉太多不想看？其实越是这样越应该多观察自己，这样才有减肥的动力。我觉得最有效的“激将法”就是观察自己。如果你看起来比平时臃肿了一点儿，就要反思是不是前一天晚上吃得太多；如果今天看起来还不错，就要表扬一下坚持健康饮食的自己。

- **如果全身只有腿部有点儿肿，平时容易手脚冰凉，说明存在下肢循环不畅的问题。**可以采用半身浴或足浴的方式促进血液循环，睡觉时也可以穿上专门的睡眠袜让身体保持温暖。

- **在繁忙的现代社会，早餐最容易被忽略。**但不吃早饭容易造成整个上午注意力下降，也容易导致午餐和晚餐吃得过多。不妨提前准备一些无糖酸奶或坚果，养成吃早餐的习惯，开启活力满满的一天。

- **皮肤表层角质堆积，易造成皮肤干燥无光泽，**毛孔因为无法呼吸还容易出现各种问题。我每周会做两次脸部和身体的去角质护理，再涂上身体乳液让皮肤长久保湿。

- **吃饭时养成少吃一口的习惯。**如果老想着“得把剩的这些都吃光”，很容易在已经饱了的情况下又吃下去不少东西，造成饮食过量，减肥失败。感觉到饱腹感就马上停下筷子吧。

- **在外就餐或点外卖时吃到的食物，里面加了很多糖、盐等调味料，**虽然很好吃，但有引发高脂血症、糖尿病等多种疾病的风险，还易导致水肿，最好能有所控制。这些刺激味蕾的食物会越吃越上瘾，对减肥百害而无一利。建议平时口重喜辣的朋友在日常生活中做出一些改变，少放调味料，慢慢养成健康饮食的好习惯。

- **“打鸡血式”的过度运动反而容易对身体造成伤害。**不管进行哪种运动，前提是要正确了解自己的身体状况，这点非常重要。此外，正式运动前的拉伸等热身运动也是必不可少的，能有效降低运动中受伤的概率。

- **随着年龄的增长，皮肤会逐渐失去弹性，下颌肌肉慢慢萎缩，脸型也会发生变化。**坚持脸部运动能使五官变得清晰，看起来年轻不少。任何时候，只要想起来，就可以把嘴巴张大，按照英文字母I–E–O的发音锻炼脸部肌肉。

- **我们的身体与内心相连。**只有精神健康，肉体才会健康。我认为不利于精神健康的因素中，“完美主义”思想是其中之一。不论在职场还是家中，“任何事只要不是100%完美就认为是失败”的思考方式，会对精神健康产生不良影响。不要老是对着自己“挥鞭子”，凡事苛求完美。人生不易，多多鼓励和夸奖自己吧。

- **研究表明，基础体温增加1℃，免疫力会增强30%。**人体在维持合适体温时，对血液循环和代谢起到核心作用的物质最为活跃。基础代谢高的人即便和其他人吃同样的食物，也能消耗更多的能量，相对来说不容易长胖。我是体寒且容易手脚冰凉的人，所以在保暖这件事上下了很多功夫，比如随时喝温水，不让肚子着凉，在家也穿袜子。坚持几年下来，我感觉我的基础体温在慢慢上升，身体也比以前更健康了。

- **我们似乎在思考已经过去的事或还未发生的事上浪费了很多时间。**我曾经也是如此，现在在努力练习“活在当下”。专注当时当下的感受，据说能促进“快乐因子”血清素的分泌，对克服抑郁症和强迫症有很大帮助。你会感受到生活其实比你想象的更幸福、更快乐。大家也和我一起努力，去好好享受当下的每时每刻吧。

- **要想成功减重，饮食管理与坚持运动必须并行，这点非常重要。**只通过饮食达到减重目标，往往后期容易反弹。我们运动的目的不仅是减肥，而是身心健康，所以规律性和持续性是非常必要的。找到适合自己的运动并快乐地坚持下去，最为重要。如果你还没找到适合自己的运动，可以通过上一些不同类型的体验课（攀岩、瑜伽、普拉提等）来帮助判断。

- **护肤的根本是彻底的清洁与保湿。**我属于极干性皮肤，所以家里会用加湿器或通过经常晾晒洗过的衣物等方式让室内湿度始终维持在50%~60%，此外我还养成了随时喝水补充水分的习惯。

- **为了解决便秘的问题，**多吃富含膳食纤维的食物和随时补充水分固然重要，但还需要多运动，特别是让肠道也运动起来，才能确保顺利排便。因为大肠是顺时针运动，我们可以用双手顺时针按摩下腹部，也可以做一些拉伸运动，这些都有助于缓解便秘。

多动少吃是减肥的根本。

不用非去健身房运动，

只要吃得比平时少一点儿，活动多一点儿，

体质就会慢慢变成不易长肉的类型。

从今天开始，

请管住嘴，迈开腿吧。

5日排毒计划

3日排毒计划如果进展顺利，就可以开始尝试5日排毒计划了。我的排毒瘦身食谱与之前大家所了解的排毒果蔬汁或单一食物减肥食谱不同，是通过选择健康的食材，均衡摄入碳水化合物、蛋白质和脂肪，来达到排出体内毒素的目的，不会给身体带来负担，且具有可持续性。

如果想短时间内看到更明显的效果，可以同时进行“16+8”间歇性断食法。“16+8”是指每天16小时禁食，其余8小时内可以吃东西。比如晚上6点吃完晚饭，到第二天早上10点之前都不能进食，只能喝水。大家可以根据自身情况弹性设置适合的时间段，但禁食时间至少要保证12小时（如晚8点到早8点）。严格遵守可进食时间，长期坚持下去，体质会发生改变。即便吃同样重量的食物，也能燃烧更多脂肪，从而达到减重的目的。

5日计划之排毒瘦身的基本原则

✓ 选择一日三餐中的两餐采用排毒食谱。

✓ 如果一开始有点困难，可以先从晚餐开始，逐渐适应之后再增加至两餐。

✓ 一下子改变所有食谱可能会产生各种各样的问题，建议按照自身身体情况和作息来调整食谱，千万不要勉强自己。

5日计划之不同功效的简要说明

计划1	快速燃烧脂肪（P122）
计划2	减小腰围（P146）
计划3	净化血液（P170）
计划4	增长肌肉（P194）
计划5	调节免疫力（P218）

5日计划之成功瘦身的注意事项

✓ 排毒瘦身期间尽量不要饮酒和吸烟。

✓ 排毒瘦身食谱之外的进食也要适量，不要暴饮暴食。

✓ 最大限度减少油炸食物、酒精和夜宵的摄入。

5日排毒计划①

快速燃烧脂肪

要想快速燃烧脂肪，首先要做的就是改变饮食习惯。因为就算你再努力运动，只要摄入的热量大于消耗的热量，就无法达到减脂的目的。如果你顺利完成了3日排毒计划，那5日计划对你来说肯定也不难做到。5天时间里的运动主要以有氧力量运动为主。除了快走、跑步等每天30分钟以上的有氧运动外，还要增加一些其他动作。建议大家根据自身情况设计出自己的5日循环练习法。

5日 任务

A

戒掉碳酸饮料

碳酸饮料含糖量高，容易引起代谢类疾病，这也是发胖的诱因。戒掉可乐、雪碧、果汁这些高热量的饮料，能对减肥起到很大的帮助。请养成用白水或茶代替碳酸饮料的习惯。

B

抓紧碎片时间运动

与其勉强去健身房运动，不如从日常生活中下手，养成随时随地运动的习惯。

※值得推荐的日常碎片化运动

1）看电视时，做幅度不太大的迷你深蹲。

2）站立时，做提臀练习。两腿交替向后方对角线方向伸出，抬起后放下。

3）随时做踮脚尖的动作，让小腿曲线更漂亮。

C

戒酒

酒精会导致脂肪堆积和肌肉流失，对减肥百害而无一利。1瓶烧酒（360毫升）的热量是400千卡，一瓶啤酒（500毫升）的热量是210千卡，再加上下酒菜，简直就是“热量炸弹”，摄入的热量远超过一天的建议量。因此排毒减肥期间请严格戒酒。

D

细嚼慢咽

细嚼慢咽比狼吞虎咽更容易让人及时感受到饱腹感，从而减少食物摄入量。根据研究结果表明，咀嚼食物40次左右，能少摄入12%左右的热量。

E

每天30分钟以上有氧运动

有氧运动可为身体提供更多氧气，使脂肪氧化，也就是燃烧分解脂肪。主要的有氧运动有快走、跑步、游泳等。选择身体能承受的有氧运动并坚持下去，对减脂有很大帮助。

※ 可在规定时间内按照自己的节奏重复动作。

5日 推荐 运动

※ 每个动作做2~3组，也可以5个动作连贯起来做。

第❶天 开合跳30秒

让身体暖和起来的热身运动

❶ 双脚向外跳开，同时双臂抬至头顶上方，双臂平行。

❷ 跳跃时吐气可轻轻发出“呼呼”的声音。

※ 从手指尖到脚尖要保持一条直线。注意腰部不要上翘，尾骨要向内收紧。

※ 可防止运动时受伤，同时让身体做好运动的准备，让锻炼更有效果。

第❷天 站立式卷腹30秒

让腹部肌肉更有弹性，打造腰部曲线的动作

❶ 两手在脑后交叉。

❷ 一侧膝盖向身体方向抬起，同时对侧手肘够向膝盖。

※ 手肘和膝盖相互靠近时，腹部内侧收缩，能进一步强化核心力量。

※ 这个动作可在有氧运动的同时锻炼到腹部肌肉。

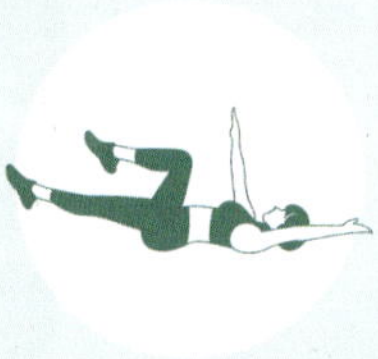

第❸天 死虫动作30秒

向核心完全没有力量的新手推荐的动作

❶ 身体平躺，手臂和腿全部向上抬起。

❷ 呼气时一侧手臂向头顶伸直，同时对侧腿向下伸直，然后手臂和腿回到原位。

※ 下腹部收紧用力，尽量保持身体不来回晃动，保持稳定。

※ 腿伸直时尝试括约肌也一并发力，动作会上升一个难度。

第❹天 反向卷腹30秒

集中“攻击”凸出的下腹部的动作

❶ 身体平躺，两臂平放在身体两侧，双膝呈90度弯曲抬起。

❷ 手掌向下撑地，骨盆向上抬起后放下，集中刺激下腹部肌肉。

※ 膝盖微弯的状态下也要保持腹部的紧张感，这点非常重要！

※ 难度升级！两腿放下后前伸，不要接触地面，这时下腹部会感受到更强烈的刺激。

第❺天 直臂曲臂交替平板支撑30秒

平板支撑熟练后，可以进阶到这个动作！

❶ 以平板支撑（P035）作为准备动作。

❷ 一侧手臂伸直，手掌支撑地面，另一侧手臂也伸直，手掌支撑地面。

❸ 两侧手臂再相继回到原始平板支撑状态。核心用力，确保身体稳定。

※ 向内收紧下腹部，进一步激活核心。

※ 用力保持身体不发生太大晃动，特别是下腹部要绷紧。

맛있게 가벼운!
Lightly
라이틀리
175kcal
200 g
소고기
곤약볶음밥
EAT'S
Better
mayo
잇츠베러마요

5日备餐清单

食材

- [x] 生菜 8 片
- [ ] 沙拉菜 230 克
- [ ] 圣女果 26 个
- [ ] 口蘑 3 个
- [ ] 鸡蛋 2 个
- [ ] 罗勒叶（可选）1 ~ 2 片
- [ ] 洋葱 3/4 个
- [ ] 紫洋葱 3/4 个
- [ ] 蟹味菇 1 把
- [ ] 红薯 1/2 个
- [ ] 苹果 1½ 个
- [ ] 黄瓜 2¼ 个
- [ ] 胡萝卜 3/4 个
- [ ] 黄彩椒 3/4 个
- [ ] 红彩椒 1 个
- [ ] 核桃 1 把
- [ ] 番茄干（可选）2 大勺
- [ ] 迷迭香（可选）少许
- [ ] 牛油果 2½ 个
- [ ] 圆白菜 150 克
- [ ] 藜麦 1 杯
- [ ] 鹰嘴豆 1 杯
- [ ] 金枪鱼罐头 1 个
- [ ] 全麦面包 2 块
- [ ] 鸡胸肉 200 克
- [ ] 玉米粒 3 大勺
- [ ] 坚果少许
- [ ] 鸡胸肉魔芋炒饭（可选）200 克
- [ ] 三文鱼 120 克
- [ ] 鸡胸肉肠 120 克
- [ ] 黑橄榄少许
- [ ] 白芝麻 1/2 小勺

调料

- [x] 橄榄油
- [ ] 生抽
- [ ] 意大利香醋
- [ ] 香油
- [ ] 蛋黄酱
- [ ] 整粒芥末籽酱
- [ ] 低卡糖
- [ ] 白葡萄酒醋
- [ ] 豆瓣酱
- [ ] 苹果醋
- [ ] 蒜末
- [ ] 西式泡菜碎（可选）
- [ ] 柠檬汁
- [ ] 无糖原味酸奶
- [ ] 欧芹碎
- [ ] 蜂蜜
- [ ] 辣椒油
- [ ] 辣椒碎
- [ ] 盐
- [ ] 黑胡椒碎
- [ ] 洋葱末

284千卡
排毒效果优秀

生菜鸡胸肉沙拉

Day 1

生菜性凉、味苦，具有舒五脏，通心气的功效。生菜富含维生素，净化血液和解毒的效果卓越。它还富含钙和维生素K，有利于骨骼健康，可有效预防骨质疏松。此外，生菜还具有缓解便秘、美容养颜、延缓衰老等作用。不过，因为它性凉，容易腹泻的人需注意摄入量不要过多。这次我用方便入口的鸡胸肉块和生菜等多种蔬菜搭配做了一道轻食沙拉，简单又好吃。

难易程度 简单

制作时间 15 分钟

食材

- 生菜 8 片
- 沙拉菜 30 克
- 圣女果 7 个
- 鸡胸肉 100 克
- 口蘑 3 个
- 红彩椒 1/4 个
- 橄榄油适量

调味汁

- 橄榄油 3 大勺
- 生抽 3 大勺
- 意大利香醋 2 大勺
- 香油 1 大勺
- 低卡糖 1/2 小勺
- 柠檬汁 1/2 小勺

1. 所有蔬菜用流水冲洗干净，沥干。
2. 生菜在水中浸泡 5 分钟，然后用手轻轻搅动菜叶，在流水下冲洗 30 秒。
3. 将口蘑和红彩椒切成适口大小。
4. 锅热后倒入橄榄油，用中火将切小块的鸡胸肉煎至金黄色。
5. 放入口蘑和红彩椒一同翻炒。
6. 盘中依次放入沙拉菜、生菜、鸡胸肉块、圣女果、炒好的口蘑和红彩椒，最后淋上拌匀的调味汁就做好了。

※ 生菜保存方法

洗干净的生菜沥干表面水分，叶柄朝下放进保鲜袋或密闭容器中冷藏，能保持较长时间的新鲜度。

关键点

相比用清洗剂或醋，用水清洗生菜上的农药残留效果最佳。

鸡蛋蛋黄酱全麦三明治

Day 1

342千卡

增强饱腹感

用鸡蛋和蛋黄酱可以做出口感绵软、味道香甜的鸡蛋蛋黄酱。觉得三明治热量有点高？没关系，用全麦面包代替普通面包，用低卡低脂低钠的植物蛋黄酱来做，就一点儿不用担心啦。鸡蛋和蛋黄酱是家中的常备食物，下面我就教大家如何快速方便地用它们做出美味的三明治。三明治的面包选择全麦的，不但味道更香，还能有效减缓升糖速度。

难易程度 简单

制作时间 15 分钟

食材

- 全麦面包 2 块（40 克）
- 鸡蛋 2 个
- 罗勒叶（可选）1 ~ 2 片
- 迷迭香（可选）少许
- 盐少许

酱料

- 蛋黄酱 3 大勺
- 整粒芥末籽酱 1 大勺
- 低卡糖 1 大勺
- 洋葱末 1 大勺
- 西式泡菜碎（可选）1 大勺
- 柠檬汁 1/2 小勺
- 盐少许
- 黑胡椒碎少许

1. 沸水中加盐，放入鸡蛋煮 10 分钟至全熟。
2. 将煮熟的鸡蛋捞出，放入凉水中浸泡一会儿，方便剥皮。
3. 剥好的鸡蛋用叉子碾成泥。

   不用碾得太细，保留一定的颗粒感。
4. 调好酱料，和鸡蛋碎一起搅拌均匀。

   按个人喜好添加酱料。
5. 将全麦面包切片后放入平底锅，不放油，直接烘烤至变色。
6. 在烤好的面包上满满地抹上一层鸡蛋蛋黄酱。
7. 最后撒罗勒叶和迷迭香。

关键点

比一般小麦粗糙一些的全麦，因为当中的谷蛋白比较少，特别适合容易腹胀或消化不良的人食用。全麦富含膳食纤维，少量食用就能产生足够的饱腹感，还能促进肠道运动，缓解便秘。

Day 2

178千卡
分解脂肪

烤洋葱鸡胸肉

曾经流行的“洋葱汁减肥法”你听说过吗？已经经过科学证实，洋葱有助于减肥。洋葱中含有的槲皮素和烯丙基硫醚成分，能防止体内脂肪堆积，分解因吃油腻食物或肉类过多导致血液中产生的胆固醇和中性脂肪，对血管健康有益。此外，洋葱中的类黄酮还能分解体内脂肪，帮助排出宿便，经常吃能起到减肥的作用。不过，任何事都是过犹不及。空腹吃过多洋葱会刺激肠胃，稀释血液，降低血压。如果你容易低血压，建议吃洋葱要适量，最理想的摄入量是每天吃1/4个。

难易程度 简单

制作时间 15 分钟

食材

- 鸡胸肉 100 克
- 沙拉菜 50 克
- 洋葱 1/4 个
- 蟹味菇 1 把
- 红、黄彩椒各 1/4 个
- 圣女果 7 个
- 橄榄油适量

调味汁

- 橄榄油 2 大勺
- 生抽 1 大勺
- 柠檬汁 1 大勺
- 低卡糖 1/2 勺
- 蒜末 1/2 小勺
- 白芝麻 1/2 小勺
- 黑胡椒碎少许

1. 沙拉菜用清水洗净，沥干。
2. 洋葱剥去外皮，切丝备用。蟹味菇撕开。
3. 彩椒切成适口大小。
4. 圣女果去蒂，对半切开。
5. 平底锅中倒入橄榄油，下鸡胸肉煎至两面金黄。
6. 加洋葱、蟹味菇和彩椒继续翻炒。
7. 盘中依次放入沙拉菜、圣女果和炒蔬菜。
8. 将鸡胸肉切小块摆入盘中，淋上拌匀的调味汁即可。

关键点

洋葱的每日推荐摄取量为1/4个，热量约20千卡。因其味道辛辣，一般用炒的烹饪方式比较多。建议尽量减少用油量，这样能降低部分热量。

Day 2

243千卡
补充膳食纤维

苹果红薯沙拉

膳食纤维能延迟营养成分的消化吸收，带来饱腹感，从而防止饮食过量，还能促进肠道运动，增加排便量。膳食纤维不仅能使便秘问题自然而然得到解决，还能阻碍胆固醇的吸收，对减脂来说非常重要也非常必要。根据世界卫生组织的标准，成人每天建议摄取的膳食纤维量为25~35克，而吃一个苹果或一份蔬菜所摄取的膳食纤维量才不到标准的10%，所以我们要吃的蔬菜量比我们以为的要多得多。下面要介绍的食谱就用到了膳食纤维非常丰富的苹果、红薯等果蔬，是一款有助于缓解便秘和减重的轻食沙拉。

难易程度 简单

制作时间 15 分钟

食材

- 红薯 1/2 个（100 克）
- 苹果 1/2 个（100 克）
- 玉米粒 3 大勺
- 黑橄榄少许
- 沙拉菜 50 克
- 坚果少许
- 欧芹碎少许

调味汁

- 无糖原味酸奶 3 大勺
- 蛋黄酱 2 大勺
- 柠檬汁 1/2 小勺
- 盐少许
- 黑胡椒碎少许

1. 沙拉菜用流水洗净。
2. 苹果在水里浸泡 2 分钟后再用流水洗净。
   用水浸泡的方式比用醋或柠檬清洗，细菌除得更干净。
3. 洗好的苹果带皮对半切开，再切成片。
4. 红薯带皮放进蒸笼，蒸好后放至不烫手的温度再切成小块。
5. 准备好玉米粒，黑橄榄切小块。
6. 将调味汁的材料混合搅拌均匀。
7. 盘中依次放入沙拉菜、苹果、红薯、玉米粒和稍碾碎的坚果。
8. 淋上调味汁，撒欧芹碎即可。

关键点

- 苹果富含抗氧化成分多酚，而这种成分主要存在于苹果皮中，因此建议大家将苹果洗净后带皮食用。
- 红薯的热量随烹饪方式的不同而略有变化，减脂期最好蒸着吃。

苹果醋绿沙拉

170千卡

燃烧脂肪

Day 3

受很多世界级演艺明星追捧的苹果醋，究竟好在哪里？对于以谷物为主食的亚洲人来说，限制碳水化合物的摄入不是一件容易的事。除米、面之外，肉类、鱼类、乳制品和方便食品大部分也都属于酸性食物，摄入过多，身体会变成酸性体质，乳酸数值升高，容易引起痛风、消化不良、免疫力低下等多种问题。但是，日常生活中很难完全避开酸性食物，所以养成坚持摄入碱性食物的习惯就变得尤为重要。虽然醋是酸性的，但进入体内会发生碱性反应，能帮助排出体内毒素，燃烧脂肪。

难易程度 简单

制作时间 10 分钟

食材

- 沙拉菜 50 克
- 苹果醋 3 大勺
- 黄瓜 1/4 个
- 苹果 1/2 个
- 胡萝卜 1/4 个
- 红、黄彩椒各 1/4 个
- 核桃 1 把
- 番茄干（可选）2 大勺

1. 将沙拉菜用清水洗净，沥干。
2. 黄瓜和苹果带皮切成适口大小。
3. 胡萝卜和彩椒切小块备用。
4. 盘中依次放入沙拉菜、黄瓜、胡萝卜、彩椒和苹果。
5. 放入番茄干。
6. 放苹果醋和碾碎的核桃即可。

关键点

苹果醋，最好选择天然发酵的种类。虽然名字都叫苹果醋，但未必是同一种醋。没有酒精和合成香料等添加物，只用100%的苹果作为原材料天然发酵而成的才是真正的苹果醋。它富含60多种有机酸及维生素、矿物质、氨基酸等营养素，比用酒精发酵的醋酸度低，但香气和味道更胜一筹。

※ 苹果醋的食用方法

1. 拌蔬菜或淋在鱼上吃。苹果醋比其他调味料热量低得多，还有降血糖的作用。

2. 早上起床空腹喝一杯加了 1 ~ 2 勺苹果醋的温水。每天喝能起到减重的作用。

Day 3

三文鱼牛油果沙拉

360千卡
燃烧脂肪

ω-3脂肪酸能防止脂肪过度堆积，在坚持饮食和运动的前提下，能够起到真正减少体内脂肪的效果。特别是三文鱼中的ω-3脂肪酸能促进新陈代谢，抑制肝脏内中性脂肪合成，不但能起到预防脂肪肝的作用，还能通过调节激素，抑制食欲。此外，三文鱼还含有健脑的DHA、优质蛋白质以及镁、钙、B族维生素等各类营养素，能抑制炎症，改善胆固醇指标和血管环境。三文鱼和牛油果同食，口感软糯又层次丰富，是绝佳的搭配。下面我就向大家介绍用富含优质脂肪的牛油果与高蛋白低热量的三文鱼制作的一款健康沙拉。

难易程度 中等

制作时间 20 分钟

食材

- 三文鱼 120 克
- 沙拉菜 50 克
- 牛油果 1/2 个
- 紫洋葱 1/4 个

调味汁

- 橄榄油 2 大勺
- 白葡萄酒醋 2 大勺
- 蜂蜜 1 大勺
- 蒜末 1/2 小勺
- 盐少许
- 黑胡椒碎少许

1. 沙拉菜用凉水洗净，沥干。
2. 熟透的牛油果去掉外皮后切小块备用。
3. 为了方便装盘时卷成卷，将三文鱼切成略长的薄片。
4. 紫洋葱切细丝。
5. 调好调味汁。
6. 盘中依次放入沙拉菜、紫洋葱和牛油果。
7. 将三文鱼卷成卷穿插放在蔬菜中间，淋上调味汁即可。

关键点

三文鱼生吃可能会有感染寄生虫的风险，最好吃熏制的或极新鲜、已经处理干净的生鱼片。虽然三文鱼加热后不像蔬菜那样营养成分会流失，但加热时间过长，口感和味道都会改变，只适当加热一小会儿就好。

圆白菜苹果沙拉配鸡胸肉肠

Day 4

300千卡
排毒效果优秀

圆白菜曾被美国《时代周刊》评选为世界三大长寿食物之一，有益胃部健康，具有缓解脏器内出血和伤口炎症的作用。每100克圆白菜只有22千卡的热量，富含膳食纤维，是非常适合减脂期的食材之一。苹果和圆白菜的口感搭配合适，同样富含膳食纤维，当中的果胶不仅能去除血液中堆积的重金属成分，还有助于排出消化过程中产生的毒素。下面我为大家准备了一款用具有解毒降脂功效的圆白菜和苹果，以及方便补充蛋白质的鸡胸肉肠搭配而成的轻食沙拉，营养均衡又美味，每天吃都不会腻。

难易程度 中等

制作时间 15 分钟

食材

- 圆白菜 150 克
- 胡萝卜 1/2 个
- 苹果 1/2 个
- 黄瓜 1/2 个
- 紫洋葱 1/4 个
- 鸡胸肉肠 120 克
- 橄榄油适量

调味汁

- 橄榄油 2 大勺
- 柠檬汁 1 大勺
- 低卡糖 1/2 小勺
- 盐少许
- 黑胡椒碎少许

1. 去掉圆白菜外层不好的叶子，掰下所需分量的叶片，浸泡在水中 5 分钟后再用流水冲洗干净。
2. 其他果蔬用清水洗净，沥干。
3. 圆白菜、胡萝卜、苹果，黄瓜、紫洋葱全部切成细丝。
4. 锅热后倒入橄榄油，先放圆白菜翻炒。
5. 再放入胡萝卜和圆白菜同炒。

   生吃胡萝卜，人体只能吸收 8% 的核心营养成分 β- 胡萝卜素，但用油炒过以后，吸收率能提高至 70%。
6. 鸡胸肉肠去掉肠衣，煎至微微金黄。
7. 盘中依次放入炒好的蔬菜和鸡胸肉肠。
8. 再摆入切好的苹果丝、黄瓜丝和紫洋葱丝。
9. 最后淋上拌匀的调味汁就完成了。

关键点

生圆白菜口感比较硬，可以稍微焯水后食用，也可以放在平底锅中，不放油、不放水，把水分蒸发出来。

Day 4

410千卡

补充优质脂肪

牛油果金枪鱼沙拉

被誉为“森林黄油”的牛油果脂肪含量非常高，20%都是由脂肪组成的，但这些脂肪大部分是好的油酸，能降低低密度胆固醇，减少体内炎症。而且牛油果糖分含量低，膳食纤维含量高，在不过量食用的情况下，算得上是优秀的减脂食物。牛油果中的B族维生素能促进消化，叶黄素能改善视力，钾能消除水肿，单一不饱和脂肪酸能预防动脉硬化。特别是牛油果不需要烹饪，做法简单又和其他食材百搭，做沙拉或夹在三明治里面吃都不错。

难易程度 简单

制作时间 15 分钟

食材（2 人份）

- 牛油果 2 个
- 金枪鱼罐头 1 个
- 圣女果 6 个
- 洋葱 1/2 个
- 蛋黄酱 2 大勺
- 整粒芥末籽酱 1 大勺
- 柠檬汁 1 大勺
- 黑胡椒碎少许

1. 圣女果洗净，去蒂，切碎备用。
2. 洋葱切小丁，泡水 10 分钟后捞出沥干。
3. 把金枪鱼罐头中的油脂沥干净。
4. 制作要放进牛油果里的金枪鱼沙拉。
   将去掉油脂的金枪鱼、圣女果、洋葱、蛋黄酱、整粒芥末籽酱、柠檬汁和黑胡椒碎混合搅拌均匀。
5. 牛油果对半切开，去核。
6. 用勺子挖 1 大勺金枪鱼沙拉，摆放到牛油果上面。
7. 把牛油果移到盘子里，可撒少许黑胡椒碎。

关键点

牛油果虽然是对健康有益的水果，但热量和脂肪含量相对较高，所以最好不要在晚上吃，早餐或午餐时吃都没问题。吃得多可能会导致增重，所以每天适宜的摄入量是1/2个到1个。

272千卡

增强饱腹感

藜麦蔬菜沙拉

Day 5

藜麦（quinoa）一词来源于印加语，意为“谷物之母”。别看藜麦很小，却富含各类营养素，被评为超级食物。藜麦的主要产地在玻利维亚和秘鲁。藜麦中的钾、钙、铁元素含量是大米的数倍，蛋白质含量是大米的2倍，而且含有所有的必需氨基酸，是数千年前古印第安人的主要蛋白质来源。藜麦的烹饪方法简单，富含的膳食纤维能带来饱腹感，对减脂人士以及需要调节体重的高血压、高脂血症患者来说都是不错的选择。在切碎的蔬菜中加入藜麦，与调味汁混合，挖一勺放进嘴里，能感受到藜麦沙沙脆脆的口感。

难易程度 简单

制作时间 25 分钟

食材

- 藜麦 1 杯
- 圣女果 6 个
- 黄瓜 1/2 个
- 紫洋葱 1/4 个
- 红、黄彩椒各 1/4 个
- 鹰嘴豆 1 杯

调味汁

- 橄榄油 3 大勺
- 柠檬汁 1 大勺
- 盐少许
- 黑胡椒碎少许
- 欧芹碎少许

1. 将淘洗后的藜麦和 2 杯水倒入锅中，先大火煮开，再转小火煮 15 分钟。
2. 将所有蔬菜用流水洗净备用。
3. 圣女果去蒂和子，切小块。
4. 黄瓜去子，切丁备用。
5. 紫洋葱切丁后泡水，去掉辛辣味。
6. 彩椒切丁备用。
7. 鹰嘴豆煮熟后沥干水分。

   鹰嘴豆提前 10 小时泡水，再煮 15 分钟。
8. 盘子中放入鹰嘴豆，四周再依次摆入其他蔬菜和藜麦。
9. 倒入搅拌好的调味汁，拌匀后即可食用。

关键点

藜麦含有部分类似皂苷的营养物质，这种物质和特定矿物质结合会导致吸收率下降。虽然对身体无害，但如果不洗干净会有微苦的味道，所以要认真多淘洗几遍，直到没有皂苷泡沫出现。如果觉得麻烦也可以买已经洗干净的产品。

麻辣黄瓜

100千卡
食谱升级

Day 5

在餐厅吃饭，会经常看到一道用黄瓜做的凉菜——凉拌黄瓜。大部分中餐用油比较多，口感清爽的黄瓜可以起到解腻的作用。减脂期吃的食物大都口味清淡，偶尔会想念偏辣或咸，口味偏刺激性的食物，这种时候不妨试试做这道健康的麻辣黄瓜来解解馋。

难易程度 简单

制作时间 25 分钟

食材

- 黄瓜 1 个
- 盐少许
- 鸡胸肉魔芋炒饭（可选）200 克

调味汁

- 辣椒油 2 大勺
- 水 1 大勺
- 蒜末 1 大勺
- 辣椒碎 1 大勺
- 低卡糖 2 大勺
- 苹果醋 2 大勺
- 豆瓣酱 2 大勺

1. 黄瓜外皮上撒盐，轻轻揉搓后用清水洗净。
2. 洗好的黄瓜去掉头尾，先切成等长的 3 段，再对半切开。
3. 再切成小条后去子。

   去子后保存，才不会渗出过多的水分。
4. 将切好的黄瓜放进塑料袋，加盐后晃匀，腌制 15 ~ 20 分钟。
5. 将调味汁搅拌均匀。
6. 把黄瓜渗出的水分沥干。
7. 将黄瓜和调味汁充分拌匀即可。

   可搭配鸡胸肉魔芋炒饭一起吃。

※ 鸡胸肉魔芋炒饭的做法

1. 平底锅里倒橄榄油，将鸡胸肉和魔芋米翻炒熟。
2. 也可加入胡萝卜丁等其他配菜。

关键点

麻辣黄瓜里可加入红薯或鸡胸肉，来补充碳水化合物和蛋白质，根据个人喜好创造出自己的“碳蛋脂”食谱。我在这里就简单搭配鸡胸肉魔芋炒饭来摆盘啦。

5日排毒计划②

减小腰围

要想瘦腰，必须严格控制饮食和坚持运动，二者缺一不可。听上去很难是吗？但你要知道，现在的努力都是为了今后的幸福生活和更加健康的自己。不妨先放轻松，暂且不要想太多，只专注于把眼前的一个个小习惯改变过来，也许属于你自己、崭新的饮食和运动习惯就在不知不觉间建立起来了。到那时，你会发现一个全新的自我，不但身体更加健康，自信心也会爆棚哦！

5日 任务

A

用健康零食代替垃圾食品

如果很难戒掉零食，就提前囤一些健康的食物吧，不过只限于坚果、蛋白棒、蔬菜棒等低糖且饱腹感强的零食。

B

不要暴饮暴食

如果自己控制不住饮食，可以试着把吃饭的时间、人物、吃的何种食物、当时的心情等一一记录下来，这种自我监督有助于我们从客观的角度来看清自身的饮食习惯，由内而外激发出改变的意志。

C

保证高质量的睡眠

睡眠不足会激发促进食欲的激素分泌，对减肥产生负作用。睡觉前尽量不要刷视频或听节奏强烈的音乐，关掉所有光源，安静地睡个好觉吧。

D

碎片时间也要锻炼

如果平日太忙，无法抽出时间专心运动，也要尽可能减少坐着的时间，多站起来活动。据美国心脏协会研究显示，每次运动30分钟，和分几次、每次运动5~10分钟的效果从长期来看是一样的。

E

练习快步走

像散步一样慢慢地长时间走路，和短时间内快步走相比，后者效果更佳。快步走的速度要达到无法和旁人说话的程度，以这种速度坚持走20分钟就能起到锻炼的效果。

※可在规定时间内按照自己的节奏重复动作。

5日 推荐 运动

※每个动作做2～3组，也可以5个动作连贯起来做。

第❶天 鸟狗式每侧各15秒

强化基本核心力量的动作

❶ 以跪姿桌子式（P035）做好准备。

❷ 右臂前伸，左腿向后方伸直抬起，身体呈“一”字形。

❸ 保持平衡，匀速呼吸。结束后另一侧重复相同动作。

※ 从手指尖到脚尖要保持在一条直线上。注意腰部不要上翘，尾骨要向内收紧。

※ 如果无法掌握好平衡，可以先只伸腿，熟练之后再手臂和腿一同抬起。

第❷天 仰卧摸脚30秒

同时刺激小腹和侧腰的动作

❶ 平躺在垫子上，双手上举，双腿抬起至90度。

❷ 上身用力向上，用一侧手去摸对侧脚。

❸ 双手交替触摸对侧脚。

※ 做动作时要充分感受小腹和侧腰用力的感觉。

※ 脖子和肩膀不要过度用力，尽可能放松。

第❸天 单车式卷腹每侧各15秒

通过扭转上身锻炼侧腰的动作

❶ 平躺在垫子上。

❷ 双膝弯曲抬起，双手十指交叉放于脑后。

❸ 抬起上半身，用一侧手肘轻触对侧膝盖。

※ 上半身用力向上时，要充分调动腹部和双侧腰部的肌肉。

第❹天 原地登山跑30秒

高效锻炼核心肌群的动作

❶ 以平板支撑（P035）作为准备动作。

❷ 一侧膝盖向前贴近胸口，体会腹肌用力的感觉。

❸ 双膝交替重复动作，并逐渐加快速度。

※ 只移动膝盖，身体其他地方尽量控制住不要晃动。

※ 手掌用力撑地，支撑住身体。

第❺天 交叉登山跑30秒

原地登山跑熟练后，可以进阶到这个动作

❶ 以平板支撑作为准备动作。

❷ 右侧膝盖向前贴近左侧胸口，体会腹肌用力的感觉。

❸ 回到平板支撑状态，然后抬起另一侧膝盖重复动作。

※ 胳膊要用力撑住地。

※ 下腹部用力，臀部不要塌。

Pulmuone
크고 단단한
500g
TOP TASTE
CRISPY ONIONS
FLAHAVAN'S
IRISH
Quick Oats
Original
TRUSTED FOR 200 YEARS

5日备餐清单

食材

- [x] 豆腐 1½ 块
- [ ] 胡萝卜约 1 个
- [ ] 大葱 2 根
- [ ] 西葫芦 1/4 个
- [ ] 鸡蛋 6 个
- [ ] 沙拉菜 130 克
- [ ] 黑芝麻（可选）少许
- [ ] 西蓝花 1½ 个
- [ ] 苹果 1¼ 个
- [ ] 红彩椒 1/4 个
- [ ] 黄彩椒 1/2 个
- [ ] 黄瓜约 1 个
- [ ] 金针菇 1/2 袋
- [ ] 蒜 15 ~ 20 瓣
- [ ] 红辣椒 1/4 个
- [ ] 尖椒 3/4 个
- [ ] 糙米饭 50 克
- [ ] 蓝莓 20 个
- [ ] 梨 1/2 个 +2 块
- [ ] 嫩叶蔬菜 2 袋
- [ ] 豆芽 1 把
- [ ] 韭菜少许
- [ ] 生菜 2 片
- [ ] 圆白菜 1/4 个
- [ ] 圣女果 9 个
- [ ] 樱桃萝卜 1/3 个
- [ ] 洋葱 1/2 个
- [ ] 黑豆 150 克
- [ ] 三文鱼 70 克
- [ ] 洋葱酥（可选）少许
- [ ] 玉米粒和橄榄片 3 大勺
- [ ] 鸡胸肉 100 克
- [ ] 鸡胸肉碎 100 克
- [ ] 燕麦 35 克
- [ ] 烤山核桃仁 10 个
- [ ] 蟹肉棒 2 个 + 少许
- [ ] 皮塔饼或全麦面包 2 块
- [ ] 海带面条 180 克
- [ ] 虾仁 7 只
- [ ] 金枪鱼罐头 1 罐
- [ ] 白芝麻少许

调料

- [x] 无糖原味酸奶
- [ ] 柠檬汁
- [ ] 低卡糖
- [ ] 盐
- [ ] 黑胡椒碎
- [ ] 橄榄油
- [ ] 青梅汁
- [ ] 苹果醋或醋
- [ ] 鱼露
- [ ] 蒜末
- [ ] 是拉差辣椒酱
- [ ] 孜然粉或彩椒粉（可选）
- [ ] 辣椒粉
- [ ] 意大利红辣椒碎
- [ ] 欧芹碎（可选）
- [ ] 生抽
- [ ] 料酒
- [ ] 香油
- [ ] 蛋黄酱
- [ ] 紫菜粉（可选）
- [ ] 蜂蜜
- [ ] 芝麻粉

338千卡
补充蛋白质

豆腐炒鸡蛋

Day 1

想念香喷喷的炒饭时，可以试试用豆腐炒鸡蛋，不仅口感软糯，还很健康。对于运动后想补充蛋白质，或是想做快手早餐，都是不错的选择。如果觉得味道有些平淡，可以蘸着辣椒酱一起吃，会更加美味。

难易程度 简单
制作时间 15 分钟

食材

- 豆腐 1/2 块（150 克）
- 胡萝卜 1/4 个
- 大葱 1/2 根
- 西葫芦 1/4 个
- 鸡蛋 1 个
- 香油 1 大勺
- 是拉差辣椒酱 3 大勺
- 沙拉菜 50 克
- 盐少许
- 黑胡椒碎少许
- 橄榄油适量
- 黑芝麻（可选）少许

1. 用流水清洗干净沙拉菜和其他蔬菜，沥干。
2. 胡萝卜、西葫芦、大葱切丁。
3. 用厨房纸巾吸干豆腐表面水分。
4. 把豆腐放在碗里，用叉子碾碎。
5. 平底锅中倒入橄榄油，放入豆腐，煎至金黄。
6. 放入胡萝卜、西葫芦和大葱一起翻炒。
7. 食材炒至半熟时将鸡蛋打碎一起翻炒。
8. 加香油、盐和黑胡椒碎调味。
9. 炒好后盛入碗中，轻轻压实后倒扣在盘中。
10. 炒饭四周放上沙拉菜，撒黑芝麻点缀。
11. 将是拉差辣椒酱倒在小碗中，放在旁边蘸食。

关键点

完全吸干豆腐表面的水分，煎出来才更脆更香。可以用厨房纸巾吸干，也可以把豆腐切块后放进微波炉加热3分钟，这样可以更快烤干水分。

454千卡
去除腹部脂肪

西蓝花苹果煎鸡胸

Day 1

这是用能有效分解脂肪的西蓝花和富含膳食纤维的苹果制作出的一道口感爽脆清新的轻食沙拉。只有蔬菜和水果感觉有点儿少，所以我又加了鸡胸肉来补充蛋白质。这道沙拉好吃到想天天吃，建议大家一定买来食材做一次。鸡胸肉放在平底锅中，用中火两面煎至微黄后，盖上锅盖再焖一会儿，这样煎出来的鸡胸肉汁水丰富，口感一点儿都不干。

难易程度 中等

制作时间 20 分钟

食材

- 西蓝花 1/2 个
- 苹果 1/2 个
- 红彩椒 1/4 个
- 黄瓜 1/4 个
- 鸡蛋 2 个
- 鸡胸肉 100 克
- 欧芹碎（可选）少许
- 盐 1 大勺
- 橄榄油适量

调味汁

- 无糖原味酸奶 3 大勺
- 柠檬汁 1/2 小勺
- 低卡糖 1/2 小勺
- 盐少许
- 黑胡椒碎少许

1. 将所有蔬菜用流水清洗干净后沥干。
2. 将西蓝花切成适口大小，根部去掉外皮，斜切成小块。
3. 沸水中放盐，将西蓝花焯水 1 分钟。
4. 西蓝花焯好后捞出，沥干。
5. 苹果去皮、切小块，红彩椒和黄瓜也切成适口大小。
6. 鸡蛋煮熟后去壳，切小块。
7. 将调味汁的材料混合均匀。
8. 平底锅中倒入橄榄油，放入鸡胸肉，用中火煎至两面金黄后盛出，切成长条。
9. 装盘时先将除鸡胸肉和欧芹碎外的其他食材和调味汁拌匀，再摆放鸡胸肉，最后撒少许欧芹碎即可。

关键点

西蓝花焯水前，先在水里放勺盐，这样既可以缩短焯水时间，又可以保持蔬菜爽脆的口感。

272千卡
降体脂

金针菇燕麦粥

Day 2

每100克金针菇的热量只有36千卡，且含有丰富的水分和膳食纤维，饱腹感强，可谓绝佳的减脂食材。金针菇含有壳聚糖成分，其含量是所有蘑菇类植物中最多的，能起到防止脂肪堆积，促进脂肪燃烧的作用。金针菇中的膳食纤维和亚油酸既能帮助排出宿便，还能降低胆固醇，有效预防高血压、动脉硬化和心肌梗死，对阿尔茨海默病和癌症也有一定的预防效果。金针菇价格便宜，又有那么多有益健康的功效，性价比非常高。用它和燕麦煮成的粥，口感丰富又美味，推荐给大家！

难易程度 中等

制作时间 15 分钟

食材

- 金针菇 1/2 袋
- 燕麦 35 克
- 蒜末 1 大勺
- 大葱 1/2 根
- 红辣椒 1/4 个
- 尖椒 1/4 个
- 鸡蛋 1 个
- 香油 1 大勺
- 鱼露 1/2 小勺
- 黑芝麻或紫菜粉（可选）少许
- 盐少许
- 黑胡椒碎少许
- 橄榄油适量

1. 将金针菇的根部切掉。
2. 用流水清洗干净，切成一两厘米长的段。
3. 其他蔬菜也清洗干净。
4. 将大葱、红辣椒、尖椒切碎。
5. 平底锅中倒入橄榄油，先下葱、蒜翻炒。
6. 葱、蒜炒出香味后放入金针菇和辣椒，翻炒均匀。
7. 用盐和黑胡椒碎调味。
8. 加入燕麦，稍后再磕入鸡蛋，搅碎，继续煮三四分钟。
9. 关火后倒入鱼露和香油。
10. 根据个人喜好撒一些黑芝麻或紫菜粉即可。

关键点

金针菇的细胞壁非常坚固，一般的烹饪方法很难将其破坏，能有效分解脂肪的壳聚糖等营养成分就很难被人体吸收。金针菇冷冻后，坚韧的细胞壁就很容易被粉碎，从而便于营养成分的吸收。所以我们将金针菇洗净切碎后，可以将其装在保鲜袋中，放入冰箱冷冻保存，随用随拿也很方便。

Day 2

香梨山核桃沙拉

340千卡

排出毒素

梨的口感爽脆，咬一口就能感觉到满口的汁水。说到支气管健康，就不得不提到梨，因为它富含皂苷，能有效止咳祛痰。此外，梨不但能过滤血液中的毒素，解毒护肝，而且因其含水量达85%以上，还有解渴、解酒、缓解便秘的作用。虽然梨不太经常出现在沙拉中，但用它搭配坚果、蔬菜和一些莓果，味道其实非常不错。再放一些梨的“好友”苹果，口味就更加丰富了。

难易程度 简单

制作时间 15 分钟

食材

- 梨 1/2 个
- 苹果 1/2 个
- 嫩叶蔬菜 1 袋
- 烤山核桃仁 10 个

调味汁

- 蓝莓 20 个
- 梨 2 块
- 橄榄油 3 小勺
- 蜂蜜 1 大勺
- 柠檬汁 1/2 小勺

※ 所有食材放入搅拌机搅打成汁。

1. 嫩叶蔬菜用清水洗净，沥干。
2. 将梨和苹果洗净，带皮切薄片。
3. 沙拉盘中先铺入嫩叶蔬菜，再摆上梨和苹果片。
4. 撒上烤山核桃仁，最后将搅打均匀的调味汁淋上去即可。

关键点

梨皮中含有丰富的抗氧化成分，有助于预防衰老、抗癌和调节免疫力。在购买梨的原汁饮品时，最好选择用整个梨（包括外皮）制作的产品，它会比只用果肉制作的果汁营养更加丰富。

Day 3

160千卡

低热量

豆芽沙拉

豆芽和其他蔬菜相比，含有更为丰富的优质大豆蛋白。大豆蛋白能起到燃烧体内脂肪，抑制脂肪堆积的作用。特别是其中的皂苷类物质，对改善脂肪代谢和预防肥胖非常有效。1袋（200克）豆芽只有30千卡的热量，用它做的小菜或沙拉可以放心吃。需要注意的是，豆芽的根须看上去乱糟糟的，一般备菜时都会切掉，但其实豆芽根须中含有维生素C和能分解酒精的天门冬氨酸，最好不要切掉，洗干净就好了。

难易程度 简单

制作时间 20 分钟

食材

- 豆芽 1 把
- 蒜 5 瓣
- 蟹肉棒 2 个
- 胡萝卜 1/4 个
- 苹果 1/4 个
- 黄彩椒 1/4 个
- 韭菜少许
- 生菜 2 片
- 白芝麻少许

调味汁

- 青梅汁 3 大勺
- 苹果醋或醋 2 大勺
- 低卡糖 1 大勺
- 柠檬汁 1 大勺
- 蒜末 1 大勺
- 盐少许

1. 将所有蔬菜用流水清洗干净，沥干。
2. 将豆芽放入锅中，加盖，用中小火加热 7 分钟。
   中途不要打开锅盖，否则会产生豆腥味。
3. 利用等待豆芽熟的时间，将胡萝卜、苹果和黄彩椒切细丝，韭菜切成 5 厘米长的段。
4. 蟹肉棒撕成小块。
5. 蒜切成蒜末。
6. 豆芽熟后再打开锅盖，自然放凉。
   熟了的豆芽不要用冷水降温。
7. 将豆芽和切好的其他蔬菜、苹果、蟹肉棒、蒜末放入碗中，倒入调味汁搅拌均匀。
8. 将洗干净的生菜掰成适口大小，平铺在盘中。
9. 将拌好的沙拉放到生菜中，撒上白芝麻即可。

☛ 关键点

豆芽不宜焯水，否则其中的水溶性维生素——维生素C会溶解在水中被带走，造成营养流失，而且味道也会受影响。最好用无水的方法做熟豆芽。

Day 3

323千卡
燃烧内脏脂肪

黑豆酱沙拉

为什么体重减下来了，肚子上却还有很多赘肉呢？那是因为腹部相比其他部位，除了皮下脂肪外还多了内脏脂肪。要想有效去除内脏脂肪，需要减少果糖等精致碳水化合物的摄入，多吃富含维生素的食物，这点非常重要。燃烧内脏脂肪最有效的食物就是豆类。豆类中含有直接分解内脏脂肪的胆碱成分以及丰富的植物蛋白质，作为减脂食物再合适不过了。在这个食谱中，我选择了蛋白质含量高、分解脂肪效果好的黑豆，来做一道有中东地区美食特色的沙拉。

难易程度 简单

制作时间 70 分钟

食材

- 鸡蛋 1 个
- 嫩叶蔬菜 1 袋
- 胡萝卜 1/4 个
- 黄瓜 1/4 个
- 黄彩椒 1/4 个
- 皮塔饼或全麦面包 2 块

黑豆酱（3 次量）

- 黑豆 150 克
- 橄榄油 2 大勺
- 蒜末 1/4 勺
- 芝麻粉 1 大勺
- 柠檬汁 1 大勺
- 煮豆子的水 30 毫升
- 孜然粉或彩椒粉（可选）少许
- 盐少许

1. 将黑豆清洗干净，浸泡在足量的水中 10 小时以上。
2. 泡豆子的水不要倒掉，直接连豆子一起倒入锅中煮。
3. 水开始冒泡、接近沸腾状态时转小火，慢煮二三十分钟。
   中间将浮沫撇去，随时关注水量，不要干锅。
4. 煮豆子时把蔬菜洗干净，沥干。
5. 鸡蛋煮熟后一切为二，黄彩椒切成适口大小。
6. 胡萝卜和黄瓜切成 5 厘米长的段。
7. 把芝麻磨成均匀的粉末。
8. 破壁机中放入黑豆酱的所用食材，搅打成酱。
   煮豆子的水不要一下子都放进去，根据浓稠度慢慢添加。
9. 将打好的黑豆酱放到碗中。
10. 盘子里摆上嫩叶蔬菜、煮鸡蛋、胡萝卜、黄瓜和黄彩椒。
11. 最后放上烤好的皮塔饼或全麦面包。

关键点

黑豆酱可放冰箱冷藏保存，但最好在三四天内吃完。可以把黑豆酱抹在全麦面包或全麦脆片上吃，或是用口感比较脆的蔬菜蘸着吃，味道都非常好。

384千卡

增强饱腹感

圆白菜豆腐鸡肉卷

Day 4

减肥的时候偶尔会想吃饺子，但是100克饺子的热量就高达100～200千卡，吃3个就相当于一碗米饭的热量了。圆白菜含有丰富的膳食纤维，能降低胆固醇，饱腹感强，是非常适合减脂期的食物。不仅如此，圆白菜还含有丰富的维生素C，β-胡萝卜素和叶绿素等营养成分，具有抗癌的效果，是可以长期食用的优秀健康食物。这个食谱中，我用圆白菜代替面粉做成皮，用豆腐做馅料，是一款健康又美味的“饺子”。

难易程度 中等

制作时间 25 分钟

食材

- 圆白菜 1/4 个
- 豆腐 1/2 块
- 鸡胸肉碎 100 克
- 洋葱 1/4 个
- 大葱 1/2 根
- 尖椒 1/2 个
- 韭菜少许
- 香油 1 大勺
- 盐少许
- 黑胡椒碎少许

蘸汁

- 生抽 2 大勺
- 蒜末 1 大勺
- 青梅汁 1 大勺
- 香油 1 大勺
- 辣椒粉 1/2 小勺
- 芝麻粉少许

关键点

除了用圆白菜外，还可以用白菜叶、越南春卷米皮等其他食材代替皮，味道也不错。

1. 所有蔬菜用流水洗净，沥干。
2. 用厨房纸巾将豆腐表面的水分吸干，置于碗中，用叉子碾碎。
3. 洋葱、大葱、尖椒和韭菜切碎备用。
4. 碗中倒入碾碎的豆腐、蔬菜和鸡胸肉碎，加入香油、盐和黑胡椒碎调味。

   可以将整块鸡胸肉解冻后打碎，但为了节省制作时间，直接购买鸡胸肉碎更方便。
5. 将上述食材充分搅拌均匀，鸡肉卷的馅料就做好了。
6. 将圆白菜撕成手掌大小，放入蒸锅蒸 5 分钟。

   注意上气后再放圆白菜，上气前放的话菜叶会变得软塌塌的。
7. 将蒸好的圆白菜叶放在沥水盆里放凉、沥干。
8. 把做好的馅料放 1 勺在圆白菜上，轻轻卷起。
9. 将圆白菜都卷好后再放到蒸锅中蒸八九分钟。
10. 将蒸好的圆白菜卷摆在盘子里，中间放上调好的蘸汁即可。

蒜香橄榄油海带意面

125千卡
低热量

Day 4

加工成面条形状却不含面粉或淀粉的海带面条，1袋（300克）的热量只有16千卡，就算吃2袋，热量也不高。这个食谱不是传统的高热量意大利面，而是用橄榄油简单调味制作的健康意面。将蒜和虾仁用橄榄油炒香，加一点儿意大利红辣椒碎提味，最后放入海带面条，就可以健健康康地饱餐一顿啦。

难易程度 简单

制作时间 20 分钟

食材

- 海带面条 180 克
- 虾仁 7 只
- 蒜 10 ~ 15 瓣
- 西蓝花 1 个
- 意大利红辣椒碎少许
- 欧芹碎（可选）少许
- 橄榄油适量
- 盐少许
- 黑胡椒碎少许

1. 将海带面条捞出（浸泡的水倒掉），用流水冲洗干净。
2. 将洗好的面条沥干。
3. 蒜洗净、切片。
4. 锅中倒入足量橄榄油，加蒜和意大利红辣椒碎，用中火翻炒。
5. 加入虾仁和洗好、切成小朵的西蓝花继续翻炒。
6. 食材炒至快熟时，加入沥干的海带面条，翻炒两三分钟。
7. 加盐和黑胡椒碎调味即可出锅。
8. 碗中先放入面条，再摆入虾仁、西蓝花和蒜。
9. 最后撒入欧芹碎。

关键点

- 海带面条本身含有一定的水分，放入平底锅时会稍溅油，要小心。
- 海带面条翻炒时间过长，面条会失去弹性，口感变差，只需炒热即可。

豆腐金枪鱼肉饼

477千卡

高蛋白

Day 5

想要减肥，最基本的就是要减少碳水化合物中糖类的摄取，增加蛋白质的摄入。其实有一种食物非常符合这个要求，它做起来方便，买起来便宜，就是豆腐。豆腐（1块300克）富含蛋白质（约24克），碳水化合物含量却很低（约10克），特别适合减脂期食用。而且豆腐还含有易吸收、能代替肉类的必需氨基酸。一块300克的豆腐脂肪含量约18克，其中的不饱和脂肪酸能降低对身体有害的低密度胆固醇，起到预防心血管疾病的作用。这道食谱中，我用豆腐搭配口感绵软的金枪鱼，用煎肉饼的方式来呈现，味道非常不错。

难易程度 简单

制作时间 15 分钟

食材

- 金枪鱼罐头 1 罐（85 克）
- 豆腐 1/2 块
- 洋葱 1/4 个
- 大葱 1/2 根
- 鸡蛋 1 个
- 沙拉菜 50 克
- 圣女果 3 个
- 欧芹碎少许
- 盐少许
- 黑胡椒碎少许
- 橄榄油适量

调味汁

- 青梅汁 3 大勺
- 苹果醋或醋 2 大勺
- 低卡糖 1 大勺
- 柠檬汁 1 大勺
- 蒜末 1 大勺
- 盐少许

关键点

如果想煎得更像汉堡里的肉饼，可以把每份的量增加，做大一些。

1. 用厨房纸巾吸干豆腐表面的水分，用叉子将豆腐碾碎。
2. 沙拉菜和圣女果用清水洗净，沥干。
3. 洋葱和大葱切碎。
4. 打开金枪鱼罐头，将里面的油倒掉。
5. 碗中放入碾碎的豆腐、金枪鱼、洋葱碎、大葱碎，磕入鸡蛋，充分搅拌均匀。
6. 加盐和黑胡椒碎调味。
7. 把材料团成一个个小圆饼。锅中放橄榄油，将肉饼两面煎成金黄色。
8. 煎肉饼时将调味汁搅拌好。
9. 装盘时，先放好沙拉菜和圣女果，再摆入豆腐金枪鱼肉饼。
10. 在肉饼上撒一些欧芹碎，沙拉菜上淋一些调味汁即可。
    也可以用烤过的芦笋或番茄装饰。

310千卡
预防肥胖

三文鱼波奇饭

Day 5

波奇（poke）在夏威夷语中是“切”的意思。波奇饭是用刚刚打捞上来的生鱼切成块，搭配调味汁和米饭食用的一种夏威夷特色美食，类似生鱼片盖饭或拌饭。这种盖饭不用开火，只需把所有食材放到碗里拌一拌就好，非常简单方便，又营养丰富，是一种非常健康的沙拉盖饭。据研究表明，三文鱼中富含的ω-3不饱和脂肪酸对减重，特别是对减少腹部脂肪有很好的促进作用。

难易程度 简单

制作时间 1 分钟

食材

- 三文鱼 70 克
- 沙拉菜 30 克
- 黄瓜 1/5 个
- 胡萝卜 1/5 个
- 圣女果 6 个
- 蟹肉棒少许
- 玉米粒和橄榄片 3 大勺
- 樱桃萝卜 1/3 个
- 糙米饭 50 克
- 洋葱酥（可选）少许

腌泡汁

- 生抽 1 大勺
- 水 3 大勺
- 料酒 1 大勺
- 低卡糖 1/2 小勺
- 黑胡椒碎少许

蘸料

- 是拉差辣椒酱 3 大勺
- 蛋黄酱 3 大勺

1. 将沙拉菜和其他蔬菜用清水洗净，沥干。
2. 三文鱼切小块。
3. 把切好的三文鱼放在调好的腌泡汁中腌制 20 分钟以上。
4. 腌三文鱼时把蘸料准备好。
5. 黄瓜和樱桃萝卜带皮切成薄片，胡萝卜切细丝。
6. 圣女果去蒂，对半切开。蟹肉棒用手撕成细丝。
7. 盘子中间放入三文鱼块，四周摆入蔬菜、蟹肉棒、玉米粒、橄榄片、糙米饭。
8. 糙米饭上撒一些洋葱酥。
9. 将剩余的腌泡汁淋在三文鱼块上即可。

关键点

- 如果没有三文鱼，也可以用金枪鱼代替。
- 蔬菜不一定完全按照食谱准备，冰箱里如果有合适的其他蔬菜也完全没有问题，欢迎大家创新作出属于自己的独家口味。

5日排毒计划③

净化血液

坚持热量适当的健康饮食和有助于排出体内毒素的运动，能促进淋巴系统循环，将体内的毒素随着汗液排出体外，从而实现真正的身体排毒。据说瑜伽中的扭转动作相较其他动作能更有效排毒，但其实无论何种运动，只要能坚持下来，对排毒都是有促进作用的。排毒后，血管更加通畅，皮肤也会越来越透亮，抵抗力会有所提升，衰老的速度也会减慢。

5日 任务

A

多喝自然发酵的醋

可以试试在1升水中添加30毫升自然发酵的醋，搅拌后喝下。如果觉得太酸，可以自行调节浓度，也可以加点儿蜂蜜或低卡糖。醋溶解在水中产生的抗氧化剂有机酸能破坏体内有害活性氧，分解血液中堆积的乳酸，从而有效排毒。

B

起床后立即拉伸

早上起床后马上进行全身拉伸吧。把身体各个角落一点一点舒展开来，可以促进血液循环和淋巴循环，对排出体内毒素非常有帮助。

C

洗半身浴

用半身浴（将肚脐以下的部位在39℃的温水中浸泡30分钟以上）来缓解一天的疲劳吧。半身浴会加快血液流动速度，促进新陈代谢，排出体内毒素。

D

按摩腹部

通过按摩腹部，给予内脏器官物理性刺激，可有效促进血液循环和肠胃蠕动。按摩时，将两手叠放于肚子上，用手掌的力量，以肚脐为中心顺时针画圆即可。

E

远离钠元素

世界卫生组织推荐的成人每日钠摄取量为2000毫克。《中国居民膳食指南（2022）》推荐每天食盐摄入量不超过5克。在排毒期间，尽量不要吃方便面、午餐肉或罐头等加工食品，汤也要少喝。

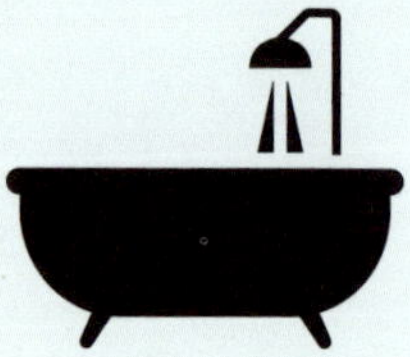

※ 可在规定时间内按照自己的节奏重复动作。

5日 推荐 运动

※ 每个动作做2～3组，也可以5个动作连贯起来做。

第❶天 猫牛式10次

舒展脊椎，激活内脏器官的动作

❶ 以跪姿桌子式（P035）做好准备。

❷ 吸气的同时腰部向下凹，胸口向上伸展。

❸ 边呼气边将背部向上拱起，同时收紧尾骨和腹部。

※ 保持慢速深呼吸，重复动作10次。

第❷天 上半身左右扭转每侧各15秒

扭转上半身，有效排出体内毒素的动作

❶ 身体放松坐于垫上，吸气的同时两臂向上伸。

❷ 呼气，右手扶住左膝盖外侧，左手伸向臀部后侧地面，视线看向身后远方。深呼吸，呼气的时候再加大一些扭转的幅度。

❸ 反方向重复相同的动作。

※ 脖子和肩膀不要紧张。

第❸天 下犬式30秒

促进全身血液循环，缓解疲劳的动作

❶ 以跪姿桌子式做好准备。

❷ 尾骨向天花板方向延长，拉起身体呈三角形。手掌轻轻撑地，将肩膀和腰部伸展开。尽可能伸直膝盖，双腿伸直做抻筋的动作。

第❹天 鸽子式每侧各15秒

促进全身血液循环和淋巴循环的动作

❶ 以跪姿桌子式做好准备。

❷ 左侧膝盖弯曲前伸，右侧腿向后伸直。

❸ 上半身往前往下压，胸腔找膝盖。

※ 可能的话将额头贴到地面。正常呼吸，保持动作一段时间后换另一侧重复动作。

※ 向后伸腿的一侧骨盆要尽量下压，不要离开地面。

第❺天 牛面式每侧各15秒

矫正脊柱，保持骨盆平衡的动作

❶ 两腿伸直坐于垫上，右腿在下，左腿在上，弯曲膝盖叠在一起。

❷ 脚后跟向后够，确认两侧等长伸展。

❸ 左手臂向上伸，在头部旁边弯曲肘部，两手在后背拉住，腰部挺直。

❹ 保持深呼吸，慢慢打开肩膀和胸部。

※ 在力所能及够到的地方保持不动，深呼吸。另一侧重复同样的动作。

※ 拉伸困难的一侧需要更多练习。

닭가슴살 슬라이스햄
MOZZARELLA
125g
Pulmuone
통곡물을 사용하여 더욱 건강한
통밀 또띠아
15cm

5日备餐清单

食材

- [x] 煮熟的章鱼 150 克
- [ ] 土豆 1 个
- [ ] 圣女果 35 个
- [ ] 紫洋葱 1/4 个
- [ ] 洋葱 1½ 个
- [ ] 嫩叶蔬菜 1 把
- [ ] 杂粮（燕麦、糙米、大麦、鹰嘴豆等）1/2 杯
- [ ] 豆腐 1/4 块
- [ ] 西葫芦 1/2 个
- [ ] 煮鹌鹑蛋 3 个(或煮鸡蛋 1 个)
- [ ] 茄子 1 个
- [ ] 沙拉菜 80 克
- [ ] 蒜 15 瓣
- [ ] 口蘑 3 个
- [ ] 糙米饭 100 克
- [ ] 生菜 3 片
- [ ] 黄瓜约 1 个
- [ ] 红、黄彩椒各约 1½ 个
- [ ] 紫甘蓝 1/6 个
- [ ] 牛油果 1/2 个
- [ ] 芝麻叶 3 片
- [ ] 红扁豆 50 克
- [ ] 罗马生菜 2 片
- [ ] 虾仁 14 ~ 15 只
- [ ] 杏仁 10 粒
- [ ] 牛肉馅 100 克
- [ ] 猪肉馅 50 克
- [ ] 香菜段（可选）少许
- [ ] 柠檬（可选）少许
- [ ] 红辣椒少许
- [ ] 尖椒少许
- [ ] 黑橄榄少许
- [ ] 全麦薄饼 2 张
- [ ] 即食鸡胸肉（烧烤味）100 克
- [ ] 鸡胸肉 200 克
- [ ] 蟹肉棒 1 个
- [ ] 马苏里拉奶酪碎少许
- [ ] 奶酪片 1 片
- [ ] 荞麦面条 100 克
- [ ] 熏鸭肉 100 克
- [ ] 螺旋意面 80 克
- [ ] 玉米粒 3 大勺 + 少许
- [ ] 魔芋面条 100 克
- [ ] 魔芋饭 100 克
- [ ] 鸡胸肉切片 1/2 袋
- [ ] 圆白菜 1/6 个

调料

- [x] 橄榄油
- [ ] 生抽
- [ ] 意大利香醋
- [ ] 香油
- [ ] 低卡糖
- [ ] 蒜末、葱末
- [ ] 柠檬汁
- [ ] 苏子油
- [ ] 梅子汁
- [ ] 蚝油
- [ ] 蛋黄酱
- [ ] 整粒芥末籽酱
- [ ] 紫菜丝
- [ ] 芝麻粉
- [ ] 欧芹碎
- [ ] 鱼露
- [ ] 是拉差辣椒酱
- [ ] 醋
- [ ] 奶酪碎（可选）
- [ ] 荷兰芹
- [ ] 黄油
- [ ] 盐
- [ ] 黑胡椒碎

335千卡
营养丰富

章鱼土豆沙拉

Day 1

章鱼和土豆是吃一次就忘不掉的组合。章鱼中含有丰富的牛磺酸，能降低血液中的胆固醇，有健脑、预防老年痴呆和延缓衰老的作用。土豆有“地下苹果”的美称，富含维生素C，有美容养颜的作用。这次让我们用营养丰富的章鱼和土豆做一道健康轻食吧。

难易程度 中等

制作时间 30 分钟

食材

- 煮熟的章鱼 150 克
- 土豆 1 个（200 克）
- 圣女果 7 个
- 紫洋葱 1/4 个
- 嫩叶蔬菜 1 把
- 盐少许
- 柠檬（可选）少许

调味汁

- 橄榄油 3 大勺
- 柠檬汁 3 大勺
- 低卡糖 1 大勺
- 荷兰芹 1 大勺
- 蒜末 1/2 小勺

1. 用流水将所有蔬菜清洗干净，沥干。
2. 土豆去皮、切小块，放入微波碗中，加入刚刚没过土豆的水，撒少许盐。用微波炉专用保鲜膜盖住碗，放进微波炉加热七八分钟。
3. 将调味汁调好。
4. 将煮熟的章鱼放在沸水中焯烫 30 秒。
   章鱼已经是熟的了，不需要长时间加热，否则会变硬、不容易嚼。
5. 将焯好的章鱼切小块。
6. 圣女果切成 4 瓣，洋葱切小块。
7. 碗中放入章鱼、圣女果和洋葱，淋上调味汁搅拌均匀。
8. 沙拉盘中放入嫩叶蔬菜、土豆以及刚刚搅拌均匀的食材。
9. 可将柠檬对半切开，再切成薄片，作为点缀。

关键点

三种加工土豆的方式，用微波炉加热、放在蒸锅里蒸和用水直接煮，土豆中剩余的维生素C含量分别为95%、67%和25%。所以不要直接用水煮，最好使用微波炉或蒸锅，这样能相对多地保留土豆中的维生素C。

Day 1

豆腐杂粮饭

412千卡

增强饱腹感

只吃蔬菜容易饿，只吃主食又会有心理负担，那不如在蔬菜沙拉中加一些谷物杂粮吧。用“超级食物”燕麦和糙米、大麦、鹰嘴豆等多种杂粮做成杂粮饭，再把豆腐和蔬菜烤一烤，组合在一起就是一碗美味的暖沙拉。煮得刚刚好的杂粮和烤过的豆腐让香味加倍，饱腹感也是一流的。

难易程度 中等

制作时间 40 分钟

食材

- 杂粮（燕麦、糙米、大麦、鹰嘴豆等）1/2 杯（70 克）
- 豆腐 1/4 块
- 西葫芦 1/4 个
- 煮鹌鹑蛋 3 个（或煮鸡蛋 1 个）
- 盐少许
- 黑胡椒碎少许
- 橄榄油适量

调味汁

- 橄榄油 2 大勺
- 生抽 2 大勺
- 意大利香醋 2 大勺
- 香油 1 大勺
- 低卡糖 1/2 小勺
- 柠檬汁 1/2 小勺

1. 碗中放入燕麦、糙米、大麦，倒足量的水浸泡 30 分钟。
   鹰嘴豆需要提前一天浸泡，最少也要煮饭前 2 小时浸泡。
2. 将泡好的杂粮放入沸水中，水再次煮沸后撇去浮沫，转中小火继续煮 20 分钟。关火后不要开盖，继续闷 5 ~ 10 分钟。
3. 盛出煮好的杂粮，沥干。
4. 豆腐用厨房纸巾吸干表面水分，切小块。
   把豆腐表面水分吸干，烤出来才更脆更香。
5. 西葫芦切薄片，煮鹌鹑蛋对半切开。
6. 烤盘或空气炸锅托盘中摆入豆腐和西葫芦，放橄榄油、盐和黑胡椒碎调味，180℃烤 15 分钟（中间需要翻一次面）。
7. 将所有食材搅拌均匀，将调好的调味汁淋入碗中即可。

关键点

如果觉得煮杂粮有点儿麻烦，不妨试试用电饭锅。不过，记得不要用杂粮模式，选择白米模式煮出来的饭才软硬正合适。

Day 2

392千卡

血液清道夫

茄子饭暖沙拉

茄子绵软独特的口感将“喜欢”和“不喜欢”它的人分成了两大阵营。用烤过的茄子做沙拉，能最大限度地展现出茄子的独特魅力。茄子性寒，有清血解毒、除水肿的食疗功效，所含的花青素具有减少血液中胆固醇含量、清除中性脂肪和体内毒素的作用。茄子还富含维生素C，能延缓衰老，促进胶原蛋白生成，美肤养颜。每100克茄子的热量只有17千卡，水分含量高，吃的不多也会有很强的饱腹感，是减脂期再合适不过的食材了。比起生吃，用油烹饪出的茄子，其营养物质更易被人体吸收。

难易程度 中等

制作时间 20 分钟

食材

- 茄子 1 个
- 沙拉菜 50 克
- 蒜 7 瓣
- 圣女果 6 个
- 口蘑 3 个
- 洋葱 1/4 个
- 西葫芦 1/4 个
- 鸡胸肉切片 1/2 袋
- 黑橄榄少许
- 糙米饭 100 克
- 盐、黑胡椒碎各少许
- 奶酪碎（可选）少许
- 橄榄油适量

调味汁

- 橄榄油 2 大勺
- 生抽、水各 2 大勺
- 意大利香醋 2 大勺
- 香油、蒜末各 1 大勺
- 低卡糖 1/2 小勺

1. 所有蔬菜用流水冲洗干净，沥干。
2. 茄子去柄，用刮皮刀将茄子削成细长的薄片。
   烤过的茄子会收缩，可以削得厚一点儿。用刀切也可以。
3. 蒜对半切开，铺在茄子表面，让蒜香渗透进去。
4. 圣女果对半切开，口蘑切成丁。
5. 西葫芦切丁，洋葱切条。
6. 调好调味汁。
7. 平底锅中倒入橄榄油，用中火将蒜片煎至微微焦黄，放入茄子煎至熟透。
8. 加盐和黑胡椒碎调味，盛出。
9. 鸡胸肉切片、圣女果、口蘑、西葫芦和洋葱放入锅中煎熟。
10. 将鸡胸肉切片切成和茄子差不多宽的条，放在茄子上，卷成卷。
    也可以把蘑菇、西葫芦和洋葱放在里面一起卷。
11. 盘中先放沙拉菜，再把茄子卷和其他蔬菜摆入盘中。
12. 撒少许黑橄榄和奶酪碎。
13. 旁边摆入糙米饭，淋上调味汁即可。

☛ 关键点

花青素有延缓衰老、降低血液中胆固醇的作用，所以茄子最好带皮吃。

鸡胸肉全麦薄卷饼

448千卡
提供热量

Day 2

玉米薄饼是传统墨西哥菜，是用玉米面和普通面粉烤制而成的薄饼。这次我选择用全麦作的薄饼制作一款简单的鸡胸肉卷饼。充满谷香又有嚼劲的薄饼、新鲜的蔬菜和嫩滑的鸡胸肉搭配在一起，口感层次丰富，味道非常不错。切分卷饼时，可以简单地一切为二，也可以像吃紫菜包饭一样切成小段，后者吃起来会更方便一些。

难易程度 简单

制作时间 20 分钟

食材

- 全麦薄饼 2 张
- 即食鸡胸肉（烧烤味）100 克
- 生菜 3 片
- 黄瓜 1/4 个
- 红、黄彩椒各 1/8 个
- 紫甘蓝 1/6 个
- 蟹肉棒 1 个
- 奶酪片 1 片
- 整粒芥末籽酱 1 ~ 2 小勺

1. 蔬菜用清水洗净，沥干。
2. 黄瓜、彩椒切成细长条，紫甘蓝切丝。
3. 即食鸡胸肉用平底锅或微波炉稍微热一下，取出后切成适口大小。
   选择调过味的鸡胸肉味道更佳。
4. 锅中不放油，直接用中小火将全麦薄饼煎至两面微微发黄。
5. 将保鲜膜平铺在案板上，上面交错叠放 2 张全麦薄饼。
   重叠的部分最好抹点水。
6. 玉米薄饼上先均匀抹一层整粒芥末籽酱。
   也可以按个人喜好抹其他的酱料。
7. 放奶酪片和鸡胸肉。
8. 放入切好的黄瓜、彩椒、紫甘蓝和撕成细丝的蟹肉棒。
9. 将生菜叠好，铺在上面。
10. 带着保鲜膜将全麦薄饼卷起，确保各种食材不会从两边漏出来。
11. 用保鲜膜堵住两边，将卷饼切段。
12. 去掉保鲜膜，将卷饼摆入盘中即可。

关键点

把蔬菜和肉类放在全麦薄饼上卷起来时，食材放得越多、越满越好，这样卷出来的卷饼才饱满、漂亮。可以将两张全麦薄饼叠起来放，边缘抹一点儿水增加黏性，卷的时候就不会散开了。

Day 3

烤鸭肉荞麦面

781千卡
高蛋白

沾满由苏子油和梅子汁制成的调味汁的面条，和煎得微微焦黄的熏鸭肉混合在一起，是不可能不好吃的绝佳搭配。再加上新鲜爽口的蔬菜，就是一盘健康美味的减脂餐。鸭肉中含有丰富的蛋白质和不饱和脂肪酸，对排出体内毒素、促进人体新陈代谢非常有帮助。鸭肉和其他肉类相比，有害的油脂相对较少，还富含维生素A，能有效调节免疫力。荞麦面条比一般的面条热量低，碳水化合物含量也低，但膳食纤维和蛋白质含量却较高，是减脂期也可以放心吃的面食。需要注意的是，苏子油的热量非常高，不要放太多。

难易程度 中等

制作时间 25 分钟

食材

- 荞麦面条 100 克
- 熏鸭肉 100 克
- 洋葱 1/4 个
- 黄瓜 1/5 个
- 圣女果 3 个
- 牛油果 1/2 个
- 芝麻叶 3 片
- 沙拉菜 30 克
- 紫菜丝少许
- 芝麻粉少许

调味汁

- 苏子油 3 大勺
- 生抽 2 大勺
- 梅子汁 2 大勺
- 低卡糖 1 大勺
- 蒜末 1/2 小勺

1. 所有蔬菜用流水清洗干净，沥干。
2. 把荞麦面条放入沸水中，边轻轻搅拌边煮 2 分钟。
   水沸腾后将火稍微调小至中火，再倒入一杯凉水。
3. 将煮好的面条过凉水，沥干。
4. 把熏鸭肉放进沸水里焯烫几秒钟后捞出，沥干。
   超市里买的熏鸭肉咸味较重，最好先在沸水里涮一下，口味会变得清淡一些，也健康一些。
5. 洋葱切丝后泡水，去除辛辣味。
6. 黄瓜带皮切薄片。
7. 圣女果去蒂，对半切开。
8. 牛油果先对半切开，去核后切成 1 厘米厚的片。
9. 芝麻叶叠起来，切丝。
10. 将调味汁拌匀，倒一半到面条里，搅拌均匀。
    剩下的一半摆盘后倒在沙拉菜上。
11. 将熏鸭肉上的水吸干，放入平底锅中煎至微微变色。
12. 将调味后的面条卷几下摆入盘中，撒紫菜丝和芝麻粉。
13. 以面条为中心，四周摆入熏鸭肉和蔬果。
14. 将剩余的调味汁倒在沙拉菜上即可。

关键点

把这道菜的主食材熏鸭肉替换成鸡胸肉或虾仁等肉类，也是可以的。蔬菜也可以从冰箱里现有的菜里选择，不必和食谱一模一样。

414千卡
降血糖

法式红扁豆鸡肉沙拉

Day 3

红扁豆曾被美国《健康》杂志评选为世界五大健康食物之一。它和绿豆长得比较像，个头比一般豆子小，富含蛋白质、矿物质、维生素等营养成分。印度人通常通过豆类食物来获取蛋白质，而红扁豆就是他们常吃的豆子之一。印度人每天有两顿饭都会吃到红扁豆，或做成汤，或用咖喱煮。红扁豆是谷物中膳食纤维含量较高的，是燕麦的2倍，特别适合容易便秘或有肠道问题的人群食用。红扁豆几乎不含脂肪，只有丰富的植物蛋白质，对经常运动的人来说，也非常符合他们低脂高蛋白的饮食需求。

难易程度 简单

制作时间 25 分钟

食材

- 红扁豆 50 克
- 鸡胸肉 100 克
- 罗马生菜 2 片
- 圣女果 5 个
- 玉米粒 3 大勺
- 马苏里拉奶酪碎少许
- 盐少许
- 黑胡椒碎少许
- 橄榄油适量

调味汁

- 蛋黄酱 4 大勺
- 橄榄油 1 大勺
- 柠檬汁 1 大勺
- 低卡糖 1 大勺
- 意大利香醋 1/2 小勺
- 整粒芥末籽酱 1/2 小勺
- 黑胡椒碎少许

红扁豆腌泡汁

- 橄榄油 1 大勺
- 意大利香醋 1 大勺
- 盐少许
- 黑胡椒碎少许

1. 锅中倒入足量清水，放入红扁豆，煮沸后继续煮 5 ~ 10 分钟，捞出。

   因为红扁豆比较小，所以能很快煮熟。

2. 红扁豆沥水，加入橄榄油、意大利香醋、盐和黑胡椒碎腌制片刻。
3. 把罗马生菜对半切开。
4. 圣女果切成小块。
5. 热锅内倒入橄榄油，放入鸡胸肉煎至两面金黄，加盐和胡椒粉调味。
6. 将鸡胸肉切成适口大小。
7. 盘中放入罗马生菜，撒入调味汁，再放入鸡胸肉、圣女果、玉米粒、红扁豆，最后撒上一些奶酪碎即可。

关键点

可以先把红扁豆泡水30分钟，这样吃起来口感会软一些，更易消化。

407千卡
预防慢性病

圣女果虾仁螺旋意面

Day 4

欧洲有一句俗语，“番茄红了，医生的脸就绿了”，意思是有了番茄这种健康蔬菜，人们就完全没有去医院的必要，医生就快要失业了。番茄中富含番茄红素，能降低血液中的胆固醇含量，改善血管环境，有预防心肌梗死和脑卒中的作用。此外，番茄中的钾还能帮助排出钠，如果吃了过咸的食物，不妨再多吃些番茄。这次我用圣女果和螺旋意面做了一道适合夏天吃的意面冷盘，不但味道好，营养丰富，而且摆盘也很漂亮，用来招待客人非常适合。螺旋意面顾名思义长得像螺丝一样，特别容易让酱汁附着在表面，吃起来味道非常浓郁。

难易程度 中等

制作时间 20 分钟

食材

- 螺旋意面 80 克
- 虾仁 8 只
- 洋葱 1/4 个
- 红、黄彩椒各 1/4 个
- 圣女果 6 个
- 黄瓜 1/4 个
- 玉米粒少许
- 盐 1 大勺

调味汁

- 橄榄油 2 大勺
- 生抽 2 大勺
- 水 2 大勺
- 意大利香醋 2 大勺
- 香油 2 大勺
- 低卡糖 1/2 小勺
- 蒜末 1 大勺
- 黑胡椒碎少许

1. 所有蔬菜用清水洗净，沥干。
2. 锅中倒入足量的水，开火煮沸。
3. 水开后加 1 大勺盐，放意面煮八九分钟。
4. 煮面时将调味汁调好。
5. 洋葱切细丝，放在凉水中浸泡，去掉辛辣味。
6. 彩椒切小丁，圣女果切成小块。
7. 黄瓜带皮切薄片。
8. 将煮好的意面捞出，过凉水后沥干。
9. 沸水中放入虾仁稍微焯烫后捞出。
10. 盘中放入沥干的意面、虾仁和准备好的蔬菜。
11. 撒玉米粒，倒入调味汁搅拌均匀即可。

关键点

如果想更健康一点儿，可以选择全麦的螺旋意面。

Day 4

384千卡
增强饱腹感

彩椒牛肉魔芋饭

为大家推荐一道既能增强饱腹感，又色香味俱全的轻食食谱。其中用到的彩椒，维生素C含量比猕猴桃或柠檬还要高，对缓解疲劳有一定作用，还能起到美肤的效果。这次我把彩椒当作“碗”，里面装上牛肉馅和蔬菜做成的炒饭，好看又好吃。魔芋饭里的糙米、魔芋、藜麦等杂粮使这道菜的碳水化合物含量和热量进一步降低，但膳食纤维和蛋白质含量都大大增加了。不用碗就能吃的炒饭，减脂期出门野餐的时候别忘了带上它。

难易程度 中等

制作时间 20 分钟

食材

- 红、黄彩椒各 1 个
- 蒜 8 瓣
- 洋葱 1/2 个
- 牛肉馅 100 克
- 蚝油 1 大勺
- 魔芋饭 100 克
- 奶酪碎少许
- 盐少许
- 黑胡椒碎少许
- 欧芹碎少许
- 橄榄油适量

1. 彩椒洗净、去蒂，把子掏出来，切成像碗的形状。
2. 蒜和洋葱切碎。
3. 平底锅中倒入橄榄油，先下蒜和洋葱炒香。
4. 蒜和洋葱微微变色后盛出，将牛肉馅放进充满蒜香的锅中翻炒。
5. 牛肉馅全部变色后，放入魔芋饭、蒜和洋葱，加蚝油调味，继续翻炒。

   可根据个人喜好加适量盐和黑胡椒碎。
6. 牛肉馅炒好后盛入彩椒碗中，撒上奶酪碎。
7. 放入烤箱，180℃烤 30 分钟。

   由于烤彩椒的时间比较长，如果没那么多时间，也可以直接省略这一步。彩椒生着吃也没问题。
8. 烤好后取出，撒欧芹碎即可。

关键点

彩椒也可以用来做鸡蛋羹。把鸡蛋液倒入彩椒，约8分满，微波炉加热8分钟即可，非常简单方便。

233千卡
低热量

泰式凉拌魔芋面条

Day 5

减肥时总是想念面食怎么办？没关系，可以用魔芋面条代替面粉做的面条。下面我来教大家怎么用魔芋面条模仿泰式凉拌粉丝做一道泰式凉拌魔芋面条。餐厅里做的泰式凉拌粉丝一般使用绿豆粉丝，但一份绿豆粉丝（100克）的热量高达370千卡，碳水化合物含量也非常高，不利于减脂。我要用的魔芋面条含水量达到97%，几乎没有热量，特别适合减脂期食用。用充满异国风味的鱼露作为酱汁和魔芋面条混合，再搭配海鲜和蔬菜，就是一碗饱腹感满满的健康轻食。魔芋面条有粗面和细面两种，在这个食谱中请使用细的魔芋面条。

难易程度 中等

制作时间 20 分钟

食材

- 魔芋面条 100 克
- 虾仁 6 ~ 7 只
- 猪肉馅 50 克
- 圣女果 5 个
- 黄瓜 1/4 个
- 洋葱 1/4 个
- 杏仁 10 粒
- 醋 1 大勺
- 香菜段（可选）少许

调味汁

- 鱼露 3 大勺
- 是拉差辣椒酱 2 大勺
- 柠檬汁 1 大勺
- 低卡糖 2 大勺
- 葱末 1/2 小勺
- 蒜末 1/2 小勺
- 红辣椒少许
- 尖椒少许

☛ 关键点

魔芋是魔芋属植物，它的块茎加工后可食用，主要成分为葡甘聚糖，具有保健作用。

1. 沸水中加入 1 大勺醋，放魔芋面条焯烫 1 分钟。
2. 魔芋面条捞出后过凉水，沥干。
3. 沸水中放入虾仁快速焯熟，捞出放凉。
4. 猪肉馅焯烫两三分钟，捞出放凉。
   焯烫时间不要过长，否则肉会发硬不好嚼。
5. 圣女果对半切开，洋葱和黄瓜切丁。尖椒和红辣椒切末。
6. 杏仁碾碎。
7. 将调味汁调匀。
8. 碗中放入圣女果、黄瓜和洋葱，倒入调味汁搅拌均匀。
9. 放入焯烫好的虾仁、猪肉馅和魔芋面条，撒杏仁碎和香菜段，将所有食材拌匀即可。

283千卡

增强饱腹感

圆白菜排

Day 5

这道菜的主角不是鸡胸肉，而是圆白菜。这道菜总体来看碳水化合物的含量较低，黄油和奶酪在赋予这道菜美味的同时，增加了不少脂肪，更适合践行低碳水化合物、高脂肪饮食方式的人食用。光吃蔬菜有些单调，所以我加入了鸡胸肉和鸡蛋来补充蛋白质和增强饱腹感。

难易程度 简单

制作时间 15 分钟

食材

- 圆白菜 1/6 个
- 鸡胸肉 100 克
- 圣女果 3 个
- 橄榄油少许
- 蒜末 2 大勺
- 黄油 10 克
- 马苏里拉奶酪碎少许
- 欧芹碎（可选）少许
- 盐少许
- 黑胡椒碎少许

1. 剥去圆白菜最外层叶子，放在水中浸泡 5 分钟，然后用流水冲洗干净。
2. 将圆白菜切成约 2 厘米厚。
3. 为保持圆白菜的外形不散开，需要用牙签固定。
4. 将橄榄油、盐和黑胡椒碎均匀地抹在圆白菜表面。
5. 平底锅中放入圆白菜，用中小火将圆白菜表面煎至微微金黄，需要六七分钟。

   可以稍微倒一点儿水，盖锅盖焖一会儿，这样圆白菜吃起来不会干。
6. 撒入马苏里拉奶酪碎，盖锅盖稍微焖一下至奶酪化开。装盘。
7. 锅中加黄油和蒜末，放入鸡胸肉和圣女果一起煎。
8. 盛出后撒欧芹碎即可。

关键点

- 如果想进一步降低这道菜的热量，可以把黄油换成橄榄油，不放奶酪。
- 切圆白菜时带着心切下去形状会更好看。

5日排毒计划④

增长肌肉

令人难过的是，随着年龄的增长，人的脂肪会逐渐增加，而肌肉从20多岁就开始逐渐减少，到60岁时约减少40%。因此，年纪越大就越需要力量训练，这不是“可选项”，而是“必选项”。人体的各个组成部分是一个有机的整体，互相关联。大部分的心血管问题和与骨骼有关的疾病，都和肌肉退化有关。在本节中，我将向大家介绍既能减轻体重又不损失肌肉的运动和补充蛋白质的饮食方法，让我们一起努力吧！

5日 任务

A

多吃蛋白质

不好好吃饭，肌肉量就不会增加。也就是说，无论做多少运动，如果健康的食物吃得太少，增肌减脂也不会收到很好的效果。万事开头难，不如从早上的一个煮鸡蛋开始，或者干脆利用蛋白质补充剂也可以。

B

力量训练

每周在有氧运动的基础上，应至少进行两次肌肉力量训练。无氧运动和有氧运动相结合，改善血糖的效果会非常明显。进行力量训练的时候不能厚此薄彼，上半身和下半身都要练习到位。

C

饭前或饭后半小时喝一杯水

吃饭时饮水会冲淡胃酸，影响消化功能。饭前或饭后半小时饮水可以很好地防止暴饮暴食。

D

远离外卖

外卖方便又好吃，但过多的糖分和调味料对减肥可是一点儿好处都没有。自己做饭，能清楚地知道吃了什么东西，也能对食材和调味料有所控制，所以建议还是自己在家做饭。

E

积极、正面地说话与行动

养成用积极、正面的态度去说话和行动，激发潜意识，慢慢地让自己的生活充满正能量。减肥时不要有太多压力，要明白现在的努力是为了更健康和更幸福地生活。积极向上的力量不可小觑！

※ 可在规定时间内按照自己的节奏重复动作。

5日 推荐 运动

※ 每个动作做2～3组，也可以5个动作连贯起来做。

第❶天 跪姿直抬腿每侧各15秒

消除臀部和大腿脂肪团的动作

❶ 以跪姿桌子式（P035）做好准备。

❷ 左腿向后伸直后向上抬起，保持几秒后放下（臀部和大腿之间要拉伸到最大限度）。

❸ 吸气把腿放下，呼气腿向上抬起（另一侧重复相同的动作）。

※ 腿抬起时腰部不要倾斜，后背也要挺直。

※ 骨盆不要歪向一边，保持与地面平行。

第❷天 驴式踢腿每侧各15秒

让下垂的臀部变得紧实，打造“蜜桃臀”的动作

❶ 以跪姿桌子式做好准备。左腿向后伸直，膝盖微微弯曲，腿部垂直向上抬起再放下。

❷ 抬腿时臀部肌肉要收紧，要充分利用竖脊肌的力量。

❸ 另一侧重复相同的动作。

※ 抬腿时下腹部用力，腰不要弯。

※ 骨盆位置摆正，保持与地面平行。

第❸天 跪姿屈膝髋外展每侧各15秒

刺激侧臀部肌肉，打造“可乐瓶”身材的动作

❶ 以跪姿桌子式做好准备。

❷ 呼气的同时左膝向外侧抬起至骨盆高度，保持几秒后放下。

❸ 吸气放下，呼气抬起。另一侧重复相同的动作。

※ 最开始动作做不到位也没关系，尽最大努力到能抬起的位置即可，熟练后再逐渐增加强度。

※ 上半身保持不动，不要晃动，手臂用力支撑地面。

第❹天 侧卧抬腿每侧各15秒

改善身体曲线，增加肌肉紧实度的动作

❶ 手撑于耳侧，身体侧卧。

❷ 抬起上面的腿，保持几秒后放下，刺激侧臀部的肌肉。

❸ 身体呈一条直线，不要弯曲，做动作时下腹部要用力。另一侧重复相同的动作。

※ 另一侧手臂可放在骨盆旁边，或者支撑地面保持平衡。

第❺天 超人式30秒

消除背部赘肉、打造翘臀的动作

❶ 身体俯卧在地面上，肚子和额头贴地，两手向前伸直。

❷ 双手双脚同时向上抬起，保持几秒后放下。重复动作30秒。

❸ 吸气落下，呼气抬起。

※ 如果有困难可以先抬起手臂或者腿，熟练后再同时抬起双手双腿。

U.S.D.A. CHOICE
Goobne
크라비아
いなりあげ
Pomì
TOMATO
DIVELLA
DIVELLA
PASTA INTEGRALE

5日备餐清单

食材		调料
☑ 豆腐 1/2 块	☐ 布拉塔奶酪（可选）少许	☑ 橄榄油
☐ 糙米饭 100 克	☐ 番茄酱 8 大勺	☐ 醋
☐ 鸡蛋 6 个	☐ 奶酪碎（可选）少许	☐ 意大利香醋
☐ 香葱、香葱碎（可选）少许	☐ 黑橄榄（可选）5 个 + 少许	☐ 香油
☐ 蒜 33 瓣	☐ 低卡面条 200 克	☐ 牛至
☐ 洋葱 1¼ 个	☐ 四季豆 50 克	☐ 蜂蜜
☐ 紫洋葱 1/2 个	☐ 鸡胸肉 110 克	☐ 柠檬汁
☐ 各色圣女果 29 ~ 30 个	☐ 鸡腿肉 150 克	☐ 蒜末
☐ 罗勒叶 1 小把	☐ 蟹肉棒 50 克	☐ 芝麻粉
☐ 鹰嘴豆 1/2 杯（70 克）	☐ 豆腐面条 100 克	☐ 紫苏籽油
☐ 黄瓜 1/2 个	☐ 全麦意大利面 100 克	☐ 低卡糖
☐ 红、黄彩椒各 1/2 个	☐ 金枪鱼 100 克	☐ 蚝油
☐ 烤紫菜 2½ 片	☐ 鸡胸肉肠 50 克	☐ 盐
☐ 芝麻叶 5 片	☐ 油豆皮 1 份	☐ 生抽
☐ 胡萝卜约 1 个	☐ 白芝麻 2 大勺	☐ 味极鲜酱油
☐ 柠檬（可选）1/2 个		☐ 料酒
☐ 鱿鱼 100 克		☐ 清酒（可选）
☐ 沙拉菜 200 克		☐ 黑胡椒碎
☐ 牛板腱 150 克		☐ 意大利红辣椒碎
☐ 口蘑 9 个		☐ 帕玛森奶酪粉（可选）
☐ 香菇 1/4 个		
☐ 牛油果 1/2 个		
☐ 西蓝花 3 小朵		

炒蛋蟹肉油豆腐寿司

503千卡

补充蛋白质

Day 1

超市里卖的油豆腐寿司价格便宜，做法也很简单，但对减肥来说没有任何帮助。我为排毒减肥的朋友们准备了一道健康轻食版的油豆腐寿司。超市里的油豆腐寿司调味汁的含糖量非常高，我们自己做的就很健康，而且豆腐和糙米饭的搭配既能补充蛋白质又能补充碳水化合物，既健康又饱腹感满满。如果想进一步控制碳水化合物的摄入量，也可以不用糙米饭，只用豆腐来做。另外，油豆腐上的装饰，我放的是炒蛋和蟹肉棒，大家也可以按照自己的喜好变换其他花样。

难易程度 简单

制作时间 15 分钟

食材

- 油豆皮 1 份
- 豆腐 1/2 块
- 糙米饭 100 克
- 鸡蛋 2 个
- 蟹肉棒 50 克
- 香葱碎（可选）少许
- 盐少许
- 黑胡椒碎少许
- 橄榄油少许

调味汁

- 水 30 毫升
- 醋 2 大勺
- 低卡糖 1 大勺
- 盐 1/3 小勺

1. 用厨房纸巾吸干豆腐表面的水分，将豆腐用叉子碾碎。
2. 鸡蛋打散，加盐和黑胡椒碎调味。
3. 热锅中倒入橄榄油，油热后倒入蛋液，稍微定形时用筷子画圈搅拌 10 秒钟左右，炒蛋就做好了。
4. 将蟹肉棒撕成细条。
5. 调好调味汁。

   所有材料搅拌均匀后，放到微波炉里加热一小会儿，可以使调味汁更好地融合。
6. 糙米饭和碾碎的豆腐按 1 ： 1 的比例放到碗里，加入调味汁搅拌均匀。
7. 油豆皮里依次放入豆腐糙米饭、蟹肉棒和炒蛋。
8. 最后撒香葱碎即可。

关键点

要想做出香脆的油豆腐寿司，最重要的是烹饪前用厨房纸巾将豆腐表面的水分吸干，将豆腐碾碎后再放到微波炉里加热2分钟，豆腐就会变得干爽许多。

1-1

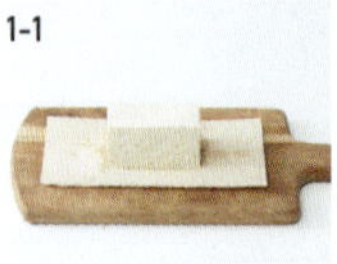

1-2

3

4

6

7

Day 1

392千卡
补充蛋白质

番茄豆腐面

豆腐面条对于喜欢面食的减脂人士来说，是非常不错的选择。豆腐面条富含植物蛋白质，每100克豆腐面条约含蛋白质15克（不同品牌略有不同），与2个鸡蛋或70克鸡胸肉所含的蛋白质量差不多，基本占成人每日所需蛋白质的30%，这些用一把豆腐面条就能满足了。豆腐面条可以做成沙拉、拌面、炒面和意面等多种美食，想减脂的朋友快积极用起来吧。

难易程度 中等

制作时间 20 分钟

食材

- 豆腐面条 100 克
- 番茄酱 8 大勺
- 意大利红辣椒碎少许
- 蒜 8 瓣
- 洋葱 1/2 个
- 圣女果 8 个
- 罗勒叶 1 小把
- 橄榄油适量
- 盐少许
- 黑胡椒碎少许
- 蚝油 1 大勺
- 低卡糖 1/2 小勺
- 布拉塔奶酪（可选）少许

☛ 关键点

超市里卖的番茄酱大部分添加了盐和糖，但减脂期最好选择只有番茄，没有其他任何添加物的纯番茄酱。

1. 所有蔬菜用流水洗净，沥干。
2. 豆腐面条用水快速焯一下，沥干备用。
3. 蒜和洋葱切末，圣女果去蒂后对半切开。
4. 平底锅中倒橄榄油，先用中小火炒香蒜末，然后放入意大利红辣椒碎。
   注意别炒煳。
5. 放洋葱末和圣女果继续翻炒。
6. 加入番茄酱、蚝油、低卡糖、盐和黑胡椒碎，翻炒均匀。
7. 放少许罗勒叶和沥干的豆腐面条，继续翻炒。
8. 将所有食材和面条翻炒均匀。
9. 炒好后倒入盘中。
10. 放上撕开的布拉塔奶酪，撒少许胡椒粉，最后撒入剩余的罗勒叶装饰。

231千卡

补充蛋白质

鹰嘴豆奶酪沙拉

Day 2

一杯鹰嘴豆所含的膳食纤维和蛋白质分别是每日推荐量的1/2和1/3。100克生鹰嘴豆约含20.5克蛋白质，几乎可以和同等重量的牛肉所含的蛋白质相媲美[100克不同部位的牛肉蛋白质含量：排骨（22克）、牛肩肉（17克）、前腿肉（21克）]。它比100克鸡蛋所含的蛋白质（约13克）多，对于那些怕吃鸡蛋引起胆固醇升高的人来说，是非常好的蛋白质来源。此外，鹰嘴豆中所含的异黄酮有防止体内脂肪堆积的效果，能有效燃烧脂肪，达到减重的目的。而且对于更年期女性易发生的骨质疏松、皮肤衰老等多种症状也有缓解的作用。

难易程度 简单

制作时间 15 分钟

食材

- 鹰嘴豆 1/2 杯（70 克）
- 圣女果 5 个
- 黄瓜 1/4 个
- 紫洋葱 1/4 个
- 黄彩椒 1/4 个
- 黑橄榄（可选）5 个
- 奶酪碎（可选）少许
- 盐 1/2 小勺

调味汁

- 橄榄油 3 大勺
- 香油 2 大勺
- 牛至 1/2 小勺
- 柠檬汁 1 大勺
- 蒜末 1/2 小勺
- 黑胡椒碎少许

1. 鹰嘴豆用水漂洗两三遍，洗净后浸泡在足量清水中，泡至少 10 小时。
   睡前泡好，第二天早上起来就可以直接煮了。因为泡和煮鹰嘴豆的时间非常长，所以最好一次多做些，剩余的可以放在冰箱中冷冻，需要用时提前 2 小时拿出，室温下解冻即可。
2. 锅中倒水和盐，将泡好的鹰嘴豆放进去煮。
3. 水开后撇去浮沫，转中小火继续煮 20 分钟。
4. 煮鹰嘴豆时将其他蔬菜用清水洗净，沥干。
5. 圣女果去蒂和子，切丁备用。
6. 黄瓜对半切开，去掉瓤，再切丁。
7. 紫洋葱切丁。
8. 黄彩椒切小块。
9. 鹰嘴豆煮好后先关火闷 5 分钟，然后捞出过凉水。
10. 将沥干的鹰嘴豆倒入盘中，旁边摆入其他蔬菜。
11. 最后撒黑橄榄和奶酪碎，淋上拌匀的调味汁即可。

关键点

烹饪所有豆类食物的核心是必须熟透才能食用，否则会导致消化不良或肠胃胀气。鹰嘴豆至少要在水里浸泡10小时以上并煮熟，最好在前一天晚上就泡在水里备用。

1

5

6

7、8

9

343千卡
补充蛋白质

减脂紫苏籽油荞麦凉面

Day 2

减脂期调整饮食，最让人头疼的就是面食。不想摄入过多碳水化合物又想吃面的时候，可以尝试使用低卡面条。一人份100克低卡面条中含有碳水化合物22克，蛋白质36克，是运动后补充蛋白质的绝佳选择。这次我用高蛋白、低热量的面条来做一款简单又美味的紫苏籽油凉面。紫苏籽油富含ω-3不饱和脂肪酸，有抑制炎症、净化血管的作用，其中的DHA成分还能促进脑部发育。

难易程度 简单

制作时间 20 分钟

食材

- 低卡面条 100 克
- 烤紫菜 1/2 片
- 芝麻叶 5 片
- 鸡蛋 1 个
- 香葱少许
- 白芝麻 2 大勺

调味汁

- 紫苏籽油 3 大勺
- 生抽 2 大勺
- 低卡糖 2 大勺

1. 芝麻叶和香葱用清水冲洗干净，沥干。
2. 沸水中放入低卡面条，轻轻搅开，煮 1 分 30 秒。
   水开时转中火，倒入 1 杯凉水。
3. 将煮好的面条过凉水，沥干。
4. 鸡蛋煮熟后切成 1 厘米厚的片。
5. 香葱切碎备用。
6. 芝麻叶去掉叶柄，卷起来切细丝。
7. 将紫菜切或撕成细丝，白芝麻碾碎备用。
8. 将调味汁调匀。
9. 碗中放入低卡面条，倒入调味汁搅拌均匀。
10. 盘中放入调味后的面条，再依次摆上芝麻叶、紫菜、香葱碎和白芝麻碎。
11. 摆入切好的鸡蛋，淋上剩余的调味汁即可。

※ 紫苏籽油含有大量不饱和脂肪酸，容易变质，需仔细保存。
应将盖子盖严，放在避光的深色瓶子里，放阴凉避光处保管。
1. 放在阴凉处比放在冰箱里保存好，但如果已经放进冰箱，就需要在烹饪前一天从冰箱里拿出，放在室温下回温。
2. 开封后最好在 4 周内吃完。它比香油容易酸化变质，购买时以小瓶为宜。

2

3

4

5

6

8

关键点

紫苏籽油中含有α-亚麻酸，坚持摄入能起到分解并排出体内脂肪、防止脂肪堆积的作用。

Day 3

253千卡

补充蛋白质

蛋白质炮弹鱿鱼沙拉

能用在减肥食谱中的高蛋白食物，鱿鱼必须算一个。鱿鱼吃起来有嚼劲，热量低，蛋白质含量高，是特别适合减脂期食用的食物之一。鱿鱼当中丰富的牛磺酸成分属于氨基酸的一种，能起到恢复元气的作用。在高强度的运动后食用鱿鱼，不但可以促进肌肉生长，还能有效缓解疲劳，可谓事半功倍。虽然胆固醇含量比较高，但牛磺酸又能起到降低胆固醇的作用，所以只要不吃过量就不用担心。牛磺酸大量存在于鱿鱼的表皮，吃的时候一定要带皮吃。下面就向大家介绍如何用无水煮鱿鱼的方式来做一道富含蛋白质的轻食。

难易程度 简单

制作时间 20 分钟

食材

- 鱿鱼 100 克
- 洋葱 1/4 个
- 沙拉菜 50 克
- 各色圣女果 6 ~ 7 个

调味汁

- 橄榄油 2 大勺
- 意大利香醋 2 大勺
- 蜂蜜 1 大勺
- 柠檬汁 1 大勺
- 盐少许
- 黑胡椒碎少许
- 芝麻粉少许

1. 沙拉菜用凉水洗净，沥干。
2. 洋葱切丝，用水浸泡 10 分钟。
3. 圣女果去蒂，对半切开备用。
4. 将处理好的鱿鱼放入平底锅，用中火煎 2 分钟。
5. 翻面再煎 1 分钟左右。

   不用另外放水，鱿鱼本身的水分会被煎出来，不会煳锅，煎熟以后也不干。
6. 盖锅盖再焖 30 秒直至熟透。
7. 将鱿鱼切成适口大小。
8. 盘中先铺上沙拉菜，再撒上洋葱和圣女果。
9. 最后放入鱿鱼，浇上拌匀的调味汁即可。

关键点

不同烹饪方法做出来的鱿鱼，营养成分也不相同。100克鱿鱼晒干后含有68克蛋白质，是生鱿鱼或烤鱿鱼中蛋白质的三四倍，但缺点是热量和钠含量非常高。和生鱿鱼相比，煮或烤制的鱿鱼不但热量低，蛋白质也能被人体吸收更多。

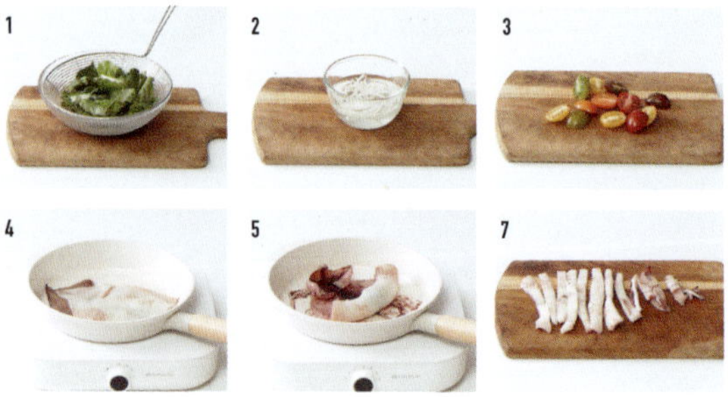

435千卡

补充蛋白质

烤牛板腱

Day 3

牛板腱是将牛肩胛骨外侧的三角形肌肉分离后整形的部位。去除了肌肉间的脂肪，只留下包含大理石花纹的精肉，牛板腱是牛身上口感最好、肉汁最多的部位，受到很多人的喜爱。虽然牛板腱热量偏高，但蛋白质非常丰富。高强度运动后，或想增肌的健身人士打算饱餐一顿时，它最合适不过了。下面就介绍一道用牛板腱与丰富的蔬菜搭配而成的美味，希望大家都能试一试。

难易程度 中等

制作时间 30 分钟

食材

- 牛板腱 150 克
- 沙拉菜 50 克
- 蒜 8 瓣
- 红彩椒 1/4 个
- 口蘑 5 个
- 胡萝卜 1/5 个
- 柠檬（可选）1/4 个
- 盐少许
- 黑胡椒碎少许
- 橄榄油适量

调味汁

- 橄榄油 2 大勺
- 意大利香醋 2 大勺
- 低卡糖 1 大勺
- 柠檬汁 1 大勺
- 盐少许
- 黑胡椒碎少许

关键点

吃肉类食物的同时，一定要搭配各种各样的蔬菜，以达到营养均衡。蔬菜中含有丰富的维生素和矿物质，有助于排出体内毒素。

1. 所有蔬菜用清水洗净，切成适口大小。
2. 用厨房纸巾吸干牛板腱表面的水分，用盐和黑胡椒碎调味。
   煎制肉类食物前先去除表面水分，才能煎出外焦里嫩的口感。
3. 热锅中倒入橄榄油，用中小火煎牛板腱。
4. 放入蒜瓣一起煎。
   蒜香和肉香互相渗透，香上加香。
5. 转中小火，盖上锅盖。
6. 将熟透的牛板腱拿出，静置松弛 5 ~ 10 分钟。
   静置松弛，顾名思义就是让肉“休息一会儿”，让肉汁回流，分布得更加均匀。这样切肉时肉汁才不会流得到处都是。同时温度也更加均匀，吃起来的口感也更好。
7. 将青椒、口蘑和胡萝卜一同放入沾满蒜香和肉香的锅中煎烤一会儿。
8. 盘中摆入沥干的沙拉菜和其他烤好的蔬菜。
9. 放入牛板腱。
10. 柠檬可切片作装饰。
11. 将调好的调味汁淋在上面即可。

1

2

4

6

7

8

250千卡
净化血管

四季豆鸡胸肉沙拉

Day 4

四季豆的豆荚和豆子都能食用，口感独特，吃起来脆脆的，富含蛋白质、维生素、矿物质和叶酸，特别是当中的铁元素含量，达到了菠菜的2倍，对孕妇来说非常好。四季豆所含的脂肪70%都是不饱和脂肪酸，对降低胆固醇和净化血管有不错的效果。四季豆富含膳食纤维，少量食用就能带来饱腹感。可以一次多买一些，放在冰箱冻起来，每次吃之前提前拿出来室温解冻就好。这个食谱中我用四季豆搭配鸡胸肉，脆脆的四季豆能在一定程度上中和鸡胸肉略柴、略硬的口感，而且炒过的四季豆会散发出一丝甜味，让这道沙拉的味道更上一层楼。

难易程度 简单

制作时间 15 分钟

食材

- 四季豆 50 克
- 沙拉菜 50 克
- 鸡胸肉 110 克
- 蒜 7 瓣
- 洋葱 1/4 个
- 胡萝卜 1/5 个
- 红、黄彩椒各 1/4 个
- 口蘑 1 个
- 黑橄榄、橄榄油各少许

调味汁

- 橄榄油 2 大勺
- 意大利香醋 2 大勺
- 低卡糖 1 大勺
- 柠檬汁 1 大勺
- 盐、芝麻粉各少许
- 黑胡椒碎少许

关键点

- 四季豆先放在沸水中焯烫一两分钟，口感更佳。水里放盐可以让四季豆保持嫩绿的颜色。
- 因为四季豆是连豆荚一起食用，所以购买时需认真挑选。豆荚颜色嫩绿，叶柄挺直不蔫的说明新鲜。

1. 所有蔬菜用流水洗净，沥干。
2. 从冷冻室中拿出四季豆，泡在水里解冻。
3. 四季豆变软后从水里捞出，沥干。
4. 鸡胸肉切成适口大小。
5. 蒜切片，洋葱切丝备用。
6. 胡萝卜对半切开后切薄片。
7. 彩椒和口蘑切成适口大小。
8. 将调味汁调匀。
9. 热锅中倒入橄榄油，油热后放入蒜和洋葱，用中小火煎香。
10. 蒜和洋葱变色后放入胡萝卜、彩椒、口蘑和四季豆，翻炒均匀。
11. 蔬菜炒熟后盛出，锅中再倒入橄榄油，油热后放鸡胸肉，用中火煎熟。

    将一半的调味汁倒入锅中调味。
12. 盘中依次放入沙拉菜、炒蔬菜和鸡胸肉。
13. 撒黑橄榄，倒入剩余的调味汁即可。

香煎鸡腿肉排

321千卡

低热量

Day 4

相比其他肉类，鸡胸肉因高蛋白、低脂、低热量成为减脂期的常备食物之一，不过缺点是口感偏硬。如果吃腻了鸡胸肉，不妨换鸡腿肉试试。鸡腿肉和鸡胸肉的热量没有太大差别（以100克为标准，鸡胸肉热量为114千卡，鸡腿肉为156千卡），但因烹饪方式不同可能会导致热量升高。用烤箱烤或用水煮，鸡腿肉的热量会相对降低，但如果用油炸或添加很多调味料，热量就会升高不少，最好用烤鸡腿或煮鸡腿来代替鸡胸肉。

难易程度 中等

制作时间 30 分钟

食材

- 鸡腿肉 150 克
- 沙拉菜 50 克
- 圣女果 5 个
- 紫洋葱 1/4 个
- 柠檬（可选）1/4 个
- 橄榄油少许

调味汁

- 橄榄油 1 大勺
- 香油 1 大勺
- 意大利香醋 1 大勺
- 盐少许
- 黑胡椒碎少许

煎鸡肉料汁

- 生抽 3 大勺
- 味极鲜酱油 1 大勺
- 料酒 2 大勺
- 蜂蜜 1 大勺
- 清酒（可选）1 大勺
- 蒜末 1/2 小勺
- 黑胡椒碎少许

关键点

减脂期建议最好去掉脂肪含量较高的鸡皮。

1. 所有蔬菜用流水洗净，沥干。
2. 鸡腿肉用清水冲洗干净，去掉多余脂肪。
3. 圣女果去蒂，对半切开备用。
4. 紫洋葱切细丝，泡水去掉辛辣味。
5. 鸡腿肉下锅前先用厨房纸巾将表面的水分吸干。
6. 锅中倒入橄榄油，油热后放入鸡腿肉，鸡皮朝下，先中火煎再转小火。
7. 将煎鸡肉料汁调匀后倒在鸡腿肉上，继续煎至两面金黄。
8. 盘中先放入沙拉菜和圣女果，再放入煎好的鸡腿肉。
9. 摆入切片的柠檬和紫洋葱丝。
10. 倒入拌匀的调味汁即可。

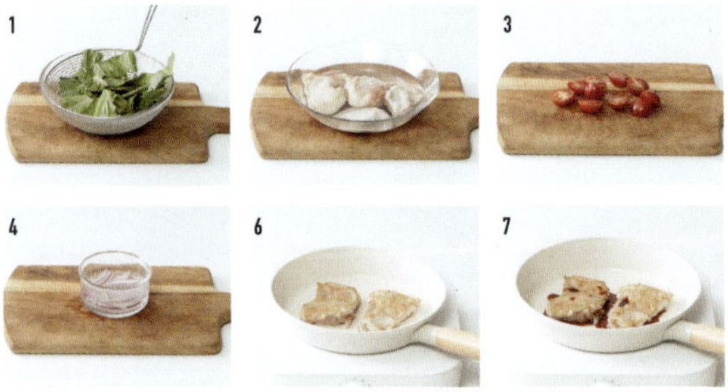

Day 5

减脂低卡卷寿司

557千卡
补充蛋白质

卷寿司（futomaki）一词由意为“巨大”的“futo”和意为“卷起来”的“maki”组成，是将新鲜的生鱼片和多种蔬菜卷起来的一种很长的日式寿司卷。这次我用新鲜的生鱼片搭配丰富的蔬菜，再加入被称为“蛋白质炮弹”的低卡面条，做出了一款口感丰富的减脂版日式寿司。卷寿司的魅力在于一口咬下去，能感受到多种味道和口感的食材在嘴里碰撞、融合，所以也可以不切开直接咬着吃，这样才过瘾。

难易程度 中等

制作时间 30 分钟

食材

- 低卡面条 100 克
- 烤紫菜 2 片
- 金枪鱼 100 克
- 鸡蛋 3 个
- 胡萝卜 1/4 个
- 黄瓜 1/4 个
- 香菇 1/4 个
- 牛油果 1/2 个
- 盐少许
- 橄榄油适量

1. 沸水中放入低卡面条，轻轻搅散，煮 1 分 30 秒。
   水开转中火，倒一杯凉水。
2. 煮好的面条过凉水后沥干。
3. 所有蔬菜洗净后沥干。
4. 金枪鱼切成约 1 厘米厚的片。
5. 胡萝卜和黄瓜切丝备用。
6. 香菇和牛油果切成 0.5 厘米厚的片。
7. 鸡蛋摊成鸡蛋饼。
8. 锅中倒入橄榄油，放胡萝卜丝和香菇翻炒片刻，加盐调味。
9. 紫菜铺开，边缘沾水，把两张紫菜粘起来。
10. 先把沥干的低卡面条平铺在紫菜上。
11. 再把其他食材依次摆入。
    顺序无所谓，能方便切开就好。
12. 用紫菜包裹后卷成卷，切成适口大小。
    食材太多不好卷的话，可以下面垫保鲜膜辅助固定。
13. 摆盘。

关键点

这道卷寿司用蛋白质丰富的低卡面条代替卷寿司用的米饭，热量高的炸虾也被其他食材代替了，可以说最大限度降低了热量，又增加了蛋白质，是名副其实的减脂版卷寿司。里面的食材也可以用冰箱里现成的代替，不用和食谱里的一模一样。

531千卡
补充蛋白质

鸡胸肉肠西蓝花全麦意面

Day 5

鸡胸肉是鸡肉中蛋白质含量最高的部位，但有口感偏柴的缺点。用冷冻鸡胸肉做菜是最好的，可如果时间不充裕，也可以直接买鸡胸肉肠，方便又省时间。这次我用一口一个的鸡胸肉肠和各色蔬菜来做一道吃起来暖暖的意大利面。

难易程度 中等

制作时间 20 分钟

食材

- 鸡胸肉肠 50 克
- 全麦意大利面 100 克
- 蒜 10 瓣
- 洋葱 1/4 个
- 口蘑 3 个
- 西蓝花 3 小朵
- 圣女果 5 个
- 意大利红辣椒碎少许
- 盐适量
- 黑胡椒碎少许
- 帕玛森奶酪粉（可选）少许
- 橄榄油适量

1. 锅中倒入足量煮面的水，开大火煮沸。
2. 所有蔬菜用清水洗净，沥干。
3. 沸水中加盐，放入全麦意大利面。
4. 煮面时处理蔬菜。
5. 蒜切片，洋葱切丝。
6. 口蘑切片，西蓝花掰成适口大小。
7. 圣女果去蒂，对半切开。
8. 在鸡胸肉肠上划几刀，更容易炒熟。
9. 意大利面煮熟后捞出沥干。
   留 3 大勺煮面汤。
10. 锅中倒入橄榄油，用中火煎香蒜片，倒入意大利红辣椒碎。
11. 蒜片变色后放入洋葱翻炒片刻，再放入鸡胸肉香肠翻炒均匀。
12. 放口蘑、西蓝花和圣女果继续翻炒。
13. 放意大利面和 3 大勺煮面汤，翻炒均匀。
14. 加盐和黑胡椒碎调味，最后撒帕玛森奶酪粉。
15. 装盘。

关键点

请选择用全麦粉而非普通面粉制作的意大利面。全麦意大利面的膳食纤维更多，碳水化合物吸收率更低，更适合减脂期食用。

5日排毒计划⑤

调节免疫力

日常生活中，不正确的身体姿势会导致体形发生变化，产生疼痛和不适。如果能将排出体内毒素的排毒健康饮食，和纠正姿势的运动坚持下来并养成习惯，你将会收获一个更加健康的身体。长时间保持坐姿或站姿时，中间至少抽出1分钟走一走，或时不时拉伸一下，简单的动作就能有效改正不良体态和促进血液循环。再用接下来的5日运动计划，来彻底调节免疫力吧。

5日任务

A 每天吃早餐

吃过早餐，随着食物被慢慢消化，夜间下降的体温能够慢慢回升,内脏器官也能恢复正常运转，可有效调节免疫力。而且正常吃早餐，还能降低午餐和晚餐过量进食的可能。

B 保证充足的睡眠

人们常说，好好睡觉是治愈一切的良药。睡觉时我们的身体会进行细胞再生和恢复体力的“作业”，从而调节机体免疫力。有规律的就寝时间和充足的睡眠时长能有效缓解身心疲劳，提升身体状态。

C 摄入充足的水分

成人每天喝8杯250毫升（总共2升）的水，大脑功能可提升30%。把水想象成营养品，随时补充起来吧。

D 尽量避免含糖量高的食物

经常吃高油高糖的食物会导致免疫力下降。多吃膳食纤维丰富的蔬菜，和富含对身体有益的不饱和脂肪酸的鱼和坚果类食物，免疫力就会恢复正常。

E 多吃蔬菜

如果不是有意多吃蔬菜，一般很难达到每日膳食纤维所需的量。蔬菜是天然的食欲抑制剂，能降低餐后血糖，改善肠内环境，帮助减肥和预防衰老，优点多多，是不是应该多吃呢？

※ 可在规定时间内按照自己的节奏重复动作。

5日 推荐 运动

※ 每个动作做2～3组，也可以5个动作连贯起来做。

第❶天 坐姿提脚后跟共10次

强化小腿脊肉，改善血液循环的动作

❶ 坐在椅子上，膝盖上抬，只有前脚掌接触地面。

❷ 后脚跟尽最大能力向上提，保持5秒后放下。

※ 下腹部用力，后背要挺直。

第❷天 坐姿单腿上抬共10次

强化腹肌和大腿肌肉的动作

❶ 坐在椅子上，膝盖弯曲。

❷ 向上抬起一侧大腿，保持5秒后放下。

❸ 熟练后可尝试两条腿同时抬起。

※ 两手抓住椅子，保持平衡。

第❸天 单腿后踢每侧各10次

提臀的同时让大腿线条更漂亮的动作

❶ 直立站好，一条腿支撑地面，另一条腿向斜后方抬起，保持几秒后放下。

❷ 向后踢的时候，要体会臀部用力的感觉（两边各10次）。

※ 最开始动作做不到位也没关系，感受到用力部位的肌肉得到刺激即可，熟练后再逐渐增加强度。

※ 如果重心不稳可扶着椅子或墙面。

第❹天 深蹲共15次

促进全身肌肉生成，让背影更美的动作

❶ 双手十指交叉置于胸前，两腿打开至肩宽的两倍，脚尖向外45度。

❷ 上半身保持挺直的状态，膝盖弯曲，身体下蹲（重复15次）。

※ 下蹲的时候膝盖不要超过脚尖。

※ 臀部不要过分后撅，尾骨要稍稍向内推。

第❺天 臀桥共15次

稳定核心肌肉，强化大腿肌肉的动作

❶ 平躺在垫子上，两臂置于体侧，下巴向锁骨方向收回。

❷ 双脚全脚掌撑地，骨盆尽最大限度地向上抬起后放下。

※ 骨盆向上抬时，胸、骨盆和膝盖要呈一条直线，括约肌也要收紧。

※ 做动作时如感觉大腿疼痛，可把两脚稍稍前伸，超过膝盖，这样可以提高臀部开合的幅度。

K-PORK
EAT's
Better
Pomì
TOMATO
MADE IN ITALY

5日备餐清单

食材

- [x] 莲藕 1/3 个
- [ ] 胡萝卜约 1 个
- [ ] 红薯 1/3 个
- [ ] 甜菜 1/2 个
- [ ] 贝贝南瓜 1¼ 个
- [ ] 茄子 1 个
- [ ] 西葫芦 1 个
- [ ] 番茄 1 个
- [ ] 圣女果 24 个
- [ ] 嫩叶蔬菜 4 把
- [ ] 沙拉菜 200 克
- [ ] 牛肩肉 100 克
- [ ] 油菜 2 棵
- [ ] 口蘑 3 个
- [ ] 蟹味菇 1/2 袋
- [ ] 金针菇 1/2 袋
- [ ] 杏鲍菇 2 个
- [ ] 豆腐 1/2 块
- [ ] 大葱 1 根
- [ ] 蒜 40 瓣
- [ ] 梅花肉 100 克
- [ ] 紫洋葱 1/2 个
- [ ] 煮熟的章鱼 130 克
- [ ] 洋葱 1¼ 个
- [ ] 黄瓜 1/4 个
- [ ] 煮鸡蛋 1 个
- [ ] 牛油果 1/2 个
- [ ] 蓝莓 35 个
- [ ] 草莓 8 个
- [ ] 核桃仁少许
- [ ] 牛里脊 100 克
- [ ] 黄彩椒 1/4 个
- [ ] 红彩椒 1/2 个
- [ ] 烤肉用牛肉 250 克
- [ ] 黑橄榄少许
- [ ] 黄油（可选）1 块
- [ ] 玉米粒 3 大勺
- [ ] 蔓越莓乳清奶酪 30 克
- [ ] 熏鸭肉 100 克
- [ ] 马苏里拉奶酪碎少许
- [ ] 番茄酱 200 克
- [ ] 全麦面包 2 个

调料

- [x] 橄榄油
- [ ] 意大利香醋
- [ ] 香油
- [ ] 白醋
- [ ] 欧芹碎（可选）
- [ ] 蜂蜜
- [ ] 柠檬汁
- [ ] 蒜末
- [ ] 意大利红辣椒碎
- [ ] 芝麻粉
- [ ] 紫苏粉
- [ ] 低卡糖
- [ ] 生抽
- [ ] 盐
- [ ] 料酒
- [ ] 黑胡椒碎
- [ ] 梅子汁
- [ ] 无糖原味酸奶
- [ ] 蛋黄酱
- [ ] 醋
- [ ] 大酱

228千卡
补充营养

根茎类蔬菜绿色暖沙拉

Day 1

根茎类蔬菜从很早以前就被称为“地下宝”，是非常有营养的食物。它们在又冷又硬的冬季泥土中发芽生长，根部储存了非常多的养分，这样才能抵抗恶劣的生存环境。根茎类蔬菜不但富含膳食纤维，而且当中的植物化学物还有助于调节免疫力。特别是吃根茎类蔬菜能够让身体缓和起来，在寒冷的冬季保护身体远离感冒和其他各种疾病，所以尤其适合冬季食用。这次我用胡萝卜、红薯、莲藕、贝贝南瓜等具代表性的根茎类蔬菜做一道健康暖沙拉，不做过多调味，以此充分体会食物本身的“大自然”味道。

难易程度 简单

制作时间 25 分钟

食材（2 人份）

- 莲藕 1/3 个
- 胡萝卜 1/3 个
- 红薯 1/3 个
- 甜菜 1/2 个
- 贝贝南瓜 1/4 个
- 圣女果 7 个
- 嫩叶蔬菜 1 把
- 醋 1 大勺
- 橄榄油适量
- 盐少许
- 黑胡椒碎少许
- 蜂蜜少许

调味汁

- 橄榄油 2 大勺
- 生抽 1 大勺
- 意大利香醋 1 大勺
- 蜂蜜 1/2 小勺
- 柠檬汁 1/2 小勺
- 蒜末 1 大勺
- 盐少许
- 黑胡椒碎少许

1. 所有蔬菜用流水洗净，沥干。
2. 莲藕切去两头，用刮皮刀刮掉外皮，切成 0.5 厘米厚的片。
3. 水里加醋，放入莲藕浸泡 5 ~ 10 分钟，捞出沥干。
   放在醋水里可防止莲藕变色。
4. 胡萝卜、红薯和甜菜切成适口大小。
5. 贝贝南瓜切成半月形的片。圣女果去蒂，对半切开。
6. 将处理好的各类蔬菜放在碗里，加橄榄油、蜂蜜、盐和黑胡椒碎搅拌均匀，腌制入味。
7. 将以上食材倒入烤盘，放进 200℃预热好的烤箱烤 15 分钟。
   中间翻一次面，如果没熟可适当延长烤制时间。
8. 盘中依次放入嫩叶蔬菜和各类烤蔬菜，淋上调好的调味汁即可。

关键点

适当的烤制时间可以让根茎类蔬菜保持略有嚼劲的口感，同时又能激发出食材本身的香味。虽然烹饪方法简单，但味道和营养却一点儿不减。这道菜可作为招待客人的小食，也可当作一顿简单的轻食。

445千卡
低热量

油菜豆腐牛肩肉

Day 1

价格低廉却营养丰富的油菜可用范围非常广，可以炒着吃，也可以做成沙拉等。油菜富含维生素C，能预防感冒、缓解疲劳，β-胡萝卜素能在体内转换为维生素A，对眼睛、皮肤以及呼吸器官都有益处。100克油菜只有23千卡的热量，是热量极低的食材，却能防止高强度运动后的肌肉痉挛，非常适合健身后食用。口感清脆的油菜和不同的食材搭配，特别是和高蛋白的食物一起吃，有益骨骼健康的钙元素吸收率就会显著上升。这次我用蛋白质含量超高的牛肉和豆腐与油菜一起炒，做成一道能调节免疫力的暖沙拉。用梅子汁代替蚝油，热量又下降了不少。

难易程度 中等
制作时间 30 分钟

食材
- 牛肩肉 100 克
- 油菜 2 棵
- 豆腐 1/4 块
- 大葱 1/2 根
- 蒜 7 瓣
- 口蘑 3 个
- 盐（可选）少许
- 黑胡椒碎（可选）少许
- 芝麻粉（可选）少许
- 橄榄油适量

调味汁
- 生抽 2 大勺
- 水 2 大勺
- 梅子汁 2 大勺
- 蒜末 1 大勺
- 香油 1 大勺

☛ 关键点

含有调节免疫力功效的β-胡萝卜素的蔬菜（胡萝卜、圆白菜、油菜等）用油炒制，营养物质能更好地被人体吸收。

1. 把油菜叶子掰下来泡在水里，边晃动边清洗。
2. 用厨房纸巾吸干豆腐表面水分。
3. 大葱、蒜切末备用。
4. 将调味汁调匀。
5. 豆腐切成大小适中的块，放入平底锅中，无油烘烤至两面金黄。
6. 豆腐烤好后盛出，锅里倒入橄榄油，下葱蒜末炒香。
7. 葱蒜变色后放入牛肉、口蘑，倒入调味汁翻炒均匀，快熟时放入油菜和豆腐再翻炒片刻。
   油菜炒制时间不宜过长，应保留微脆的口感。
8. 加盐和黑胡椒碎调味。
9. 盘中倒入油菜、豆腐和牛肉，最后撒芝麻粉即可。

燃脂

瘦腰

净化血液

增肌

调节免疫力

218千卡
增强体力

章鱼沙拉

Day 2

章鱼富含牛磺酸，是能缓解疲劳、恢复体力的高营养食材。章鱼中的B族维生素能促进新陈代谢和皮肤、黏膜、头发、指甲等的细胞再生，为角膜提供营养，改善眼部健康；此外还能去除导致衰老的活性氧，促进蛋白质合成和骨骼发育，对处于生长期的孩子来说，也是必备的食物之一。煮熟的章鱼一般搭配调味汁直接吃，或是做成海鲜汤，但其实做成沙拉也别具风味。

难易程度 简单

制作时间 15 分钟

食材

- 煮熟的章鱼 130 克
- 紫洋葱 1/4 个
- 圣女果 7 个
- 黄瓜 1/4 个
- 沙拉菜 50 克

调味汁

- 橄榄油 2 大勺
- 意大利香醋 1 大勺
- 梅子汁 1 大勺
- 蒜末 1/2 小勺
- 盐少许
- 黑胡椒碎少许

1. 所有蔬菜用流水洗净，沥干。
2. 洋葱切丝后泡水，去除辛辣味。
3. 将熟章鱼斜切成片，再在中间切一刀，切成适口的小片。
4. 圣女果和黄瓜带皮切丁，备用。
5. 将调味汁调匀。
6. 碗中放入章鱼和沥干的洋葱，倒入调味汁拌匀。
7. 盘中放入沙拉菜。
8. 再放入拌好的洋葱和章鱼，最后放黄瓜和圣女果。

关键点

市面上销售的熟章鱼是将活章鱼处理干净后煮熟的，直接买这种章鱼比买活章鱼回家再处理省了不少时间，非常方便。但是要注意烹饪时间不宜太久，只要放在沸水里煮一两分钟，或用微波炉解冻就可以吃了。

433千卡

调节免疫力

梅花肉排

Day 2

大多数人对猪肉存有偏见，认为它比鸡肉脂肪多，吃了容易长肉。虽然烤五花肉确实脂肪较多，热量也高，但猪肩部位的梅花肉脂肪相对较少，是可以纳入减脂食谱的食材。每100克梅花肉的热量为264千卡，比100克五花肉的330千卡热量相对低一些。而且梅花肉富含亚麻酸，能缓解疲劳，调节免疫力，其中的必需氨基酸是优秀蛋白质的来源。将梅花肉烤至两面金黄，搭配带有蒜末的料汁，可以和多种蔬菜一起食用。

难易程度 中等

制作时间 30 分钟

食材

- 梅花肉 100 克
- 蒜 5 瓣
- 黄油（可选）1 块
- 沙拉菜 50 克
- 圣女果 7 个
- 煮鸡蛋 1 个
- 玉米粒 3 大勺
- 盐少许
- 黑胡椒碎少许
- 橄榄油适量

调味汁

- 无糖原味酸奶 3 大勺
- 蛋黄酱 1 大勺
- 低卡糖 1 大勺
- 蒜末 1/2 小勺
- 柠檬汁 1/2 小勺
- 黑胡椒碎少许

关键点

虽然酸奶油和肉类搭配很合适，但其中加入了鲜奶油或淡奶油，热量较高。用无糖原味酸奶自制的奶油来代替酸奶油会更健康。

1. 用刀在梅花肉两面各划几刀，不要切断，间距约 1 厘米。
2. 正反面撒盐和黑胡椒碎，腌制约 30 分钟。
3. 所有蔬菜用流水洗净，沥干。
4. 调好调味汁。
5. 锅中倒入橄榄油，用中火煎梅花肉。
6. 一面煎至褐色后翻面。
7. 加入黄油和蒜瓣，再煎 3 分钟左右取出。
8. 让煎好的梅花肉静置松弛 5 ~ 10 分钟。
   静置松弛，顾名思义，就是让肉“休息一会儿”，让肉汁回流，分布得更加均匀。这样切肉的时候，肉汁才不会流得到处都是。同时温度也更加均匀，吃起来的口感也更好。
9. 圣女果对半切开，煮鸡蛋切成 1 厘米左右厚的片。
10. 盘中依次放入沙拉菜、圣女果和玉米粒。
11. 蔬菜旁边摆入烤好的梅花肉、蒜瓣和煮鸡蛋。
12. 最后淋调味汁就完成了。

莓果沙拉

254千卡

抗衰老

Day 3

就像皮肤会衰老一样，细胞也会衰老。当体内活性氧过量时，细胞会发生氧化反应，身体容易被细菌侵害，生病的概率自然会升高。抗氧化说的就是要抑制这种反应，去除体内毒素，防止细胞氧化。蓝莓是花青素含量极为丰富的水果。花青素作为天然抗氧化剂，有帮助排出体内毒素、预防衰老和保护视力的作用。这次我用蓝莓和草莓为主要食材，搭配自制的蓝莓调味汁和蔓越莓乳清奶酪做了一款莓果沙拉，特别推荐给大家。

难易程度 简单

制作时间 15 分钟

食材

- 蓝莓 15 颗
- 嫩叶蔬菜 1 把
- 草莓 8 个
- 紫洋葱 1/4 个
- 蔓越莓乳清奶酪 30 克
- 核桃仁少许

调味汁

- 蓝莓 20 颗
- 柠檬汁 1 大勺
- 蜂蜜 1 大勺
- 盐少许

1. 蔬菜和水果用流水洗净，沥干。
2. 草莓去蒂，竖着切成 4 等份。
3. 紫洋葱切丝备用。
4. 调好调味汁。

   将所有食材用电动搅拌机搅碎。
5. 盘中依次放入嫩叶蔬菜、蓝莓、草莓和紫洋葱。
6. 撒入蔓越莓乳清奶酪和核桃仁，倒入调味汁即可。

关键点

将蓝莓买回来后冷冻起来，其抗氧化成分会增加，这样随时都能吃到营养丰富的蓝莓。只要提前1小时从冷冻室拿出，室温下回温即可。

Day 3

417千卡

排出毒素

鸭肉蒸南瓜

鸭肉味道好且营养丰富，在韩国被称为“带翅膀的牛”。鸭肉富含蛋白质和不饱和脂肪酸，能促进新陈代谢，起到控制体重的效果。不饱和脂肪酸有助于分解体内氮元素，防止毒素堆积并排出毒素。鸭肉的有害油脂较少且维生素A含量高，具有调节免疫力和防止皮肤衰老的作用。这次我用鸭肉和贝贝南瓜这两样可谓“天生一对”的食材来做一道蒸菜。贝贝南瓜中含有丰富的β-胡萝卜素，能有效排出对身体有害的活性氧，还能最大限度地提高鸭肉中有益脂肪的吸收率，让排毒效果锦上添花。

难易程度 难

制作时间 30 分钟

食材（2 人份）

- 贝贝南瓜 1 个
- 熏鸭肉 100 克
- 蒜 10 瓣
- 洋葱 1/4 个
- 黑胡椒碎少许
- 意大利红辣椒碎少许
- 马苏里拉奶酪碎少许
- 橄榄油适量

1. 贝贝南瓜带皮洗净，撒 1 勺小苏打（材料外）揉搓后用水冲洗干净。

   贝贝南瓜的皮富含膳食纤维，对肝脏有益。
2. 将贝贝南瓜放入微波炉加热 5 分钟，整体会微微变软。
3. 其他蔬菜洗净，沥干。
4. 在靠近南瓜蒂的地方先横切一刀，在瓜瓤上切出一个四边形，再用勺子垂直向下将瓤掏干净。
5. 沸水中放入熏鸭肉，略焯烫去掉多余油脂。
6. 蒜切片备用。
7. 洋葱切丝。
8. 平底锅中倒入橄榄油，加蒜和洋葱炒香，再放入熏鸭肉继续翻炒。
9. 加黑胡椒碎和意大利红辣椒碎调味，炒好后盛出。
10. 将炒好的食材倒入南瓜盅。
11. 撒马苏里拉奶酪碎，放进微波炉加热 12 分钟。
12. 拿出后像切西瓜一样从上到下切开即可食用。

关键点

市面上销售的熏鸭肉调味料味道较重，烹饪前最好放在沸水中稍微焯一下，这样吃起来咸淡更合适，也更健康。

1

2

4

5

8

11

268千卡

调节免疫力

牛里脊蘑菇沙拉

Day 4

韩国的大酱是用豆子发酵后加入盐水熟成的，是有助于调节免疫力的营养食物。据一项以韩国百岁老人为对象的调查问卷结果显示，几乎所有长寿者每天至少要吃一顿大酱汤。大酱中富含能调节免疫力的乳酸菌，有助于排出因饮酒、吃肉过多或压力导致堆积在体内的毒素。此外，大酱中还有丰富的卵磷脂，能提高记忆力，预防老年痴呆、糖尿病和骨质疏松。这次我用牛身上大理石花纹少、蛋白质含量最高的部位牛里脊，搭配大酱和意大利香醋调味做了一道沙拉，推荐给大家。

难易程度 中等

制作时间 25 分钟

食材

- 牛里脊 100 克
- 蒜 8 瓣
- 大葱 1/2 根
- 洋葱 1/4 个
- 蟹味菇 1/2 袋
- 金针菇 1/2 袋
- 杏鲍菇 2 个
- 红彩椒 1/4 个
- 胡萝卜 1/5 个
- 沙拉菜 50 克
- 黑橄榄少许
- 生抽 1/2 小勺
- 欧芹碎（可选）少许
- 盐少许
- 黑胡椒碎少许
- 橄榄油适量

调味汁

- 橄榄油 3 大勺
- 意大利香醋 1 大勺
- 蜂蜜 1 大勺
- 大酱 1/2 小勺

1. 牛里脊正反面撒盐和黑胡椒碎，腌制 10 分钟。
2. 所有蔬菜用流水洗净，沥干。
3. 蒜和大葱切碎，洋葱切细丝备用。
4. 蟹味菇、金针菇和杏鲍菇切掉根部，杏鲍菇切成 1 厘米厚的片。
5. 红彩椒和胡萝卜切成适口的条。
6. 平底锅中倒入橄榄油，下葱、蒜炒香。
7. 葱、蒜微微变色后倒入生抽。
8. 加蘑菇、胡萝卜、洋葱一起翻炒。
9. 将炒好的蔬菜盛出。
10. 调好调味汁。
11. 煎牛里脊，成熟度可按个人喜好调整。
12. 盘中先放入沥干的沙拉菜和红彩椒。
13. 放牛里脊和炒好的蔬菜，撒黑橄榄和欧芹碎。
14. 倒入调味汁即可食用。

关键点

蘑菇特别适合与肉类放在一起烹饪。蘑菇蛋白质丰富且热量低，不但有利于减重，还能调节人体免疫力，是特别健康的食物。与牛肉同食，能很快让人感受到饱腹感并摄取丰富的营养。

Day 4

320千卡
排出钠

普罗旺斯炖菜

普罗旺斯炖菜是用番茄、西葫芦、茄子、洋葱等蔬菜炖煮而成的传统法国菜肴。因为主要食材都是蔬菜，所以用它作为素食入门菜也非常合适。很多人第一次听到普罗旺斯炖菜这个词都是通过《料理鼠王》这部动画片，片中这道菜出现在高级餐厅里，所以会给人一种做法很复杂的感觉。其实它是法国普通人家中经常吃的一道家常菜，非常建议大家都来尝试一下。各种蔬菜中的矿物质和维生素等营养成分丰富又全面，搭配全麦通心粉或面包能进一步补充碳水化合物。

难易程度 中等

制作时间 30 分钟

食材（2 人份）

- 番茄酱 200 克
- 茄子 1 个
- 西葫芦 1 个
- 番茄 1 个
- 洋葱 1/2 个
- 蒜 10 瓣
- 嫩叶蔬菜 1 把
- 马苏里拉奶酪碎（可选）少许
- 盐少许
- 黑胡椒碎少许
- 全麦面包 2 个
- 橄榄油适量

1. 所有蔬菜用流水冲洗干净，沥干。
2. 茄子、西葫芦和番茄去蒂，一半切成 0.5 厘米厚的片。
   片切得太厚不容易熟。
3. 剩下的茄子、西葫芦和番茄切小块。
4. 洋葱切碎。
5. 蒜切片。
6. 锅中倒入橄榄油，下蒜片和洋葱炒香。
7. 洋葱开始变透明时放入茄子块、西葫芦块和番茄块翻炒，快熟时倒入 100 克番茄酱。
8. 将蔬菜和番茄酱翻炒均匀后盛出。
9. 在烤箱专用容器中倒入炒好的蔬菜，上面再抹 100 克番茄酱。
10. 将茄子片、西葫芦片和番茄片依次转圈码放整齐。
11. 盖上锡纸，防止蔬菜被烤焦。
12. 200℃烤制 20 分钟。
    观察是否熟透。
13. 想风味更浓郁，可在表面撒马苏里拉奶酪碎，再烤 30 秒。
14. 将炖菜从烤箱中取出，表面涂一层橄榄油，撒盐和黑胡椒碎。
15. 中间点缀一些嫩叶蔬菜，搭配全麦面包。

关键点

蔬菜可以生吃，但用空气炸锅烤一下，味道会更香，也更有利于人体吸收营养。

412千卡

抗衰老

彩椒牛肉沙拉

Day 5

减脂期间有时特别想吃烤肉，但又会有心理负担，你不妨做一道既有牛肉又有蔬菜的沙拉来解解馋。这道菜采用了脆甜的彩椒来和牛肉搭配，味道非常棒。蔬菜富含维生素和矿物质，烤牛肉蛋白质丰富，营养又健康，大家快来尝试一下吧。

难易程度 中等

制作时间 40 分钟

食材

- 烤肉用牛肉 100 克
- 嫩叶蔬菜 1 把
- 洋葱 1/4 个
- 圣女果 3 个
- 红、黄彩椒各 1/4 个
- 牛油果 1/2 个
- 橄榄油少许

腌泡汁

- 生抽 2 大勺
- 梅子汁（或蜂蜜）1 大勺
- 香油 1 大勺
- 料酒 1/2 小勺
- 蒜末 1/2 小勺
- 黑胡椒碎少许

调味汁

- 橄榄油 5 大勺
- 生抽 2 大勺
- 香油 2 大勺
- 蒜末 1 大勺
- 芝麻粉 1 大勺
- 低卡糖 1 大勺
- 黑胡椒碎少许

1. 将牛肉放在腌泡汁中腌制 30 分钟。
2. 嫩叶蔬菜用流水冲洗干净，沥干。
3. 洋葱切丝，圣女果去蒂后对半切开。
4. 彩椒和牛油果切成适口的小块。
5. 热锅中倒橄榄油，放入牛肉翻炒至变色，再放彩椒和洋葱继续翻炒。
6. 调好调味汁。
7. 盘中依次摆入嫩叶蔬菜、牛油果和圣女果。
8. 放入炒好的牛肉、彩椒和洋葱，最后将调味汁淋在蔬菜上即可。

关键点

彩椒生吃水分足、口感脆；用油加热过的彩椒会被激发出更多甜味，味道更容易被人接受。大家可以按照个人喜好选择烹饪方式。

361千卡

促进血液循环

紫苏豆腐牛肉

Day 5

这是一道用豆腐和牛肉就能做出来的超简单美味。这两样食材是味道和饱腹感的双重保障。牛肉有嚼劲，煎过的豆腐香气十足，可以搭配蔬菜变成菜包肉。用紫苏粉调味更显韩式风味。不妨尝试一下这道菜，保证是饱腹又健康的一餐。

难易程度 简单

制作时间 15 分钟

食材

- 豆腐 1/4 块
- 烤肉用牛肉 150 克
- 沙拉菜 50 克
- 盐少许
- 黑胡椒碎少许
- 橄榄油适量

调味汁

- 紫苏粉 2 大勺
- 白醋 1 大勺
- 蛋黄酱 1 大勺
- 蜂蜜 1 大勺
- 料酒 1 大勺
- 水 1 大勺
- 盐少许
- 黑胡椒碎少许

1. 沙拉菜用流水洗净，沥干。
2. 豆腐用厨房纸巾吸干表面的水分，切成片，平铺在盘子里，放进微波炉加热 3 分钟，让水分彻底挥发掉。
3. 锅中倒入橄榄油 ，将豆腐煎至两面金黄，加盐和黑胡椒碎调味。
4. 将豆腐盛出，倒入牛肉翻炒。
5. 盘中依次放入沙拉菜、豆腐和牛肉。
6. 最后淋上拌匀的调味汁即可。

关键点

调味汁中的紫苏粉性质温和，有促进新陈代谢和血液循环的作用，还能调节人体免疫力。紫苏粉容易变质，一定要放在冰箱中密封保存。

我的减肥笔记

- **想要彻底消除腹部赘肉，有氧运动是必需的。**有氧运动要做到出汗的程度，这样不仅能减重，还能刺激肠道，缓解便秘。

- **零度可乐对减肥有帮助吗？**零度可乐几乎没有热量，相较于普通可乐来说，确实有助于减肥。但代替糖的人工甜味剂对一部分人来说有增进食欲的副作用，这点应引起注意。

- 随时冒出来的手机消息，是不是会让你不自觉地拿起手机，一会儿看看社交媒体，一会儿刷刷购物网站呢？从这个周末开始，请**关掉不必要的手机通知提醒，从“信息洪流”中摆脱出来，**专注于现实生活，来一场“数码排毒”吧。

- **感觉到饱腹感是一个过程，**从食物进入胃里，到向大脑发出“我不饿了”的信号，至少需要20分钟。如果进食时间不足20分钟，就有可能过量饮食。养成细嚼慢咽的习惯非常有助于减肥。

- **排便正常才能顺利排出体内堆积的毒素，**所以应养成经常喝水的习惯，多吃膳食纤维丰富的食物。此外还应通过运动出汗将毒素排出，通过按摩和拉伸运动促进淋巴系统循环。

- **建议养成早上起来空腹喝一杯温柠檬水的习惯。**柠檬富含维生素C，利于排毒，丰富的柠檬酸还能减少导致疲劳的乳酸，促进新陈代谢。

- **腹部按摩有暖胃和促进血液循环的效果。**睡前将双手交叉放在肚子上，手掌用力从上到下按摩，能刺激内脏，让腹部四周变暖，血液循环更加通畅。以肚脐为中心画圆，稍稍用力，整个肋下都可按摩。

- **每天固定时间就寝和起床，睡眠质量会更高。**睡眠是补药，充足的睡眠有利于身体修复，获得更多能量，从而提高生活质量。

- 我平时将洗好、切好的金针菇保存在冰箱冷冻室，吃烤肉或煮汤时可以随时拿出来用。减脂期充分摄取膳食纤维非常重要，所以**备餐时要多准备一些蔬菜，**方便随时取用。

- **呼吸本身也是一种排毒。**慢吸慢呼的深呼吸相比短促的呼吸，可以一次排出更多的毒素。吸气时胸部打开，腰部挺直，呼气时要尽力将空气呼出。

- 生吃蔬菜，其中的维生素和矿物质不会被破坏，但由于蔬菜含水量高，一次吃的量有限。蔬菜烫过或炒过，能提高脂溶性维生素的吸收率，吃的量也能增加，但缺点是根据蔬菜种类的不同，其中的维生素、叶酸等成分有可能无法完全被摄取。**生、熟两种吃法各有优劣，在安排食谱时应做好平衡。**

- **内脏脂肪堆积的原因包括过度饮食、缺乏运动、睡眠不足和压力过大等。**特别是随着年龄增长，肌肉会慢慢流失，基础代谢率逐渐下降，自然容易产生腹部赘肉。要想解决这一问题，合理饮食和坚持运动缺一不可。

- 在减脂期，与其忍着不吃想吃的食物，不如寻找到一种**既解馋又能减肥**的方法，这样更有利于健康。这也是防止暴饮暴食和能长期坚持下去的秘诀。

- **想大口吃面的时候，**可以购买各种低卡减脂面条，做起来既方便又快捷。这种面条的种类其实有很多，比如豆腐面条、海带面条和魔芋面条等，可按个人喜好选择。而且它们的做法大都很简单，特别向那些懒得做饭的人推荐。

- **养成起床后马上做拉伸运动的习惯。**经过一夜的睡眠，身体会变得僵硬，拉伸可以帮助放松肌肉，促进血液循环，有利于体内毒素的排出。

- **减脂人都应该知道的是拉差辣酱，**其瓶身标注的热量为0千卡（以5克为标准），是可以放心使用的调味料。不过，这不代表一整瓶的热量也是0千卡，这点要记住哦。

- **轻轻按摩太阳穴和眉毛**能促进“快乐因子”血清素分泌，抑制食欲。按摩额头、耳朵、脚据说也有同样的效果，平时想起来就按摩一下，好处多多。

- **要想减肥成功，重要的不是摄入热量的多少，而是摄入哪些营养成分。**比如我们拿“白米饭”和“杂粮饭+凉拌菜”单纯作比较，虽然后者热量高，但更适合在减脂期食用。杂粮饭属于复合碳水化合物，能减缓升糖速度；凉拌菜中含有丰富的膳食纤维，能延迟糖分的吸收。反观白米饭转化为单糖后会马上导致血糖上升。所以我们减肥不应只单纯计算热量，而要养成随时关注食物本身营养成分的习惯。

- **减脂期应尽量少吃过咸或过辣的食物。**这些刺激性食物会因渗透压作用使细胞内的水分流失，也就是我们常说的水肿的成因。我从小就在母亲的影响下养成了尽量少放盐的清淡饮食习惯，所以总感觉餐厅或外卖的食物口味太重，更愿意自己在家做饭。我也建议大家从现在开始有意识地减少刺激性食物的摄入。

- **红扁豆**的知名度可能不如其他豆类，但其实烹饪方法多样，建议平时多吃。可以像我的食谱中那样做成沙拉，也可以提前泡水，和米饭同煮，或做大酱汤、咖喱饭和粥时放一些，味道都很不错。

- **全球知名模特米兰达·可儿透露了她每天10分钟身材管理的秘诀，**那就是用猪鬃毛浴刷干刷身体。每天洗澡前，在皮肤完全未沾水的干燥状态下，用毛刷将整个身体轻轻刷一遍，只用这个方法就能达到升高体温、疏通淋巴、促进血液循环的效果。皮肤表面堆积的老废角质被清除干净，肌肤会更加平滑和更具弹性，真是好处多多，不做就亏了！

- **蓝光被称为危险灯光，却在我们身边随处可见。**请尽量少接触从手机、电脑和电视中发出的人工蓝光吧。白天，我们可以从大自然中接收自然光，这有助于分泌“快乐因子”，提高专注力。但到了晚上，人工蓝光不但会影响我们的睡眠，导致衰老，还会降低人体新陈代谢，引发炎症。

- **为了血管“减脂”，请减少米饭、年糕和面条等碳水化合物的摄入。**人体摄入的多余碳水化合物会转化为中性脂肪，有可能诱发血管收缩，导致血脂和血压升高。让我们从今天开始减少碳水化合物的摄入，多吃蛋白质含量高的食物，保护血管健康。

- **用柠檬水代替碳酸饮料吧。**不但有助于减脂，还能帮助消化系统排毒，让皮肤更加透亮。

- 将与皮肤直接接触的内衣和牙膏、化妆品等卫生用品慢慢更换成**纯天然制品**吧。因为我们在不知不觉中接触到的化学成分、人工香精已经够多了。

- **多运动**能促进血管和淋巴循环，有助于顺利排出体内毒素。光靠排毒饮食远远不够，还必须坚持运动，这点千万不要忘记。

- **洗澡后，在身体温暖的状态下，轻轻按摩腋窝、腹股沟和肩膀。**按摩能促进淋巴系统循环，帮助排出体内毒素，还能调节免疫力。

- 睡眠不足会导致压力增大，食欲无法得到控制，容易养成吃夜宵或过度饮食的坏习惯。我**努力做到每天在同一时间睡觉，同一时间起床，**也幸亏养成了这个习惯，我的睡眠质量有了显著提高。

- 减脂期调整饮食的时候，很多人都有过白天忍着不吃零食，但到了晚上忍不住吃夜宵的经历吧？为了解决嘴馋这个问题，我的方法是**常备健康零食**。可以在家自己做像鹰嘴豆饼干、烤豆腐干这种简单的零食，也可以在超市买全麦饼干或蛋白质巧克力棒等减脂零食。

- **"快乐因子"血清素不但能对心情产生影响，对食欲和睡眠也会有一定影响。**人体缺乏维生素D，会导致血清素分泌减少，使人产生抑郁心理，而抑郁会刺激食欲。每天晒太阳30分钟以上可使维生素D和血清素分泌更加旺盛，建议大家每天挤出30分钟时间外出散步。

- **进食水果的时间很重要，它决定了水果是"药"还是"毒"。**餐后马上吃水果会导致碳水化合物"供大于求"，多余的碳水化合物会转化为脂肪。我们可以在不吃米饭、面包等碳水化合物的时候用水果代替早餐，或是餐后两小时在血糖稍微降下来一些时再吃水果。

- **膳食纤维吸收肠内水分后体积变大，能延缓食物消化的速度。**同样重量的食物，膳食纤维占比多的会让人感受到更明显的饱腹感，就是这个原因。建议平时多吃富含膳食纤维的食物。

- **"低碳高脂"饮食法是一种少吃碳水化合物，多吃脂肪类食物的减肥方法。**食谱中碳水化合物、蛋白质和脂肪所占比重分别为10%、20%和70%。很多人可以戒断碳水化合物，不吃米饭、面包或面条，但很难做到不吃肉、奶酪或黄油等脂肪类食物，如果你也属于这类人群，不妨试试这种饮食法。

- 成年人每天排出的水分（包括汗液和小便）约为2.4升，也就是说我们**每天要摄入2.4升的水分**。不算食物中的水分的话，我们需要喝的水约为1.5升，也就是七八杯的量。建议少量多次饮水，不要一下子灌个"水饱"。

- 减脂期如果只知道吃鸡胸肉，那减肥这件事就很难长期坚持下去，也无法达到健康减肥的目的。减肥不是一味地忍着不吃东西，而是要想办法**均衡摄入碳水化合物、蛋白质和脂肪等各类营养素**。慢慢探索和尝试吧，也许在不经意间你就养成了健康饮食的好习惯。

- **适量食用水果，**不但不会对减肥造成影响，还能成为补充维生素和矿物质等营养素的有效途径。要吃应季、新鲜，不拘泥于某个种类的各式各样的水果。最推荐的是莓果类，因为富含抗氧化成分，能起到抗炎和去除有害氧的作用。

- **刚开始排毒减肥就马上尝试那些会让身体感到吃力的运动或饮食方式，反而不利于健康。**只有从心理上和生活习惯上发生彻底的改变，才能获得有意义的成果。养成健康的习惯后，会最先从皮肤、头发和指甲看到变化。

- **吃饭时不要先吃碳水化合物，要养成先吃蔬菜的习惯。**碳水化合物100%会让血糖上升，但膳食纤维丰富的蔬菜会降低胃肠器官的消化吸收速度，防止血糖骤升。在外吃自助餐时也不要先吃肉或饭，要先吃蔬菜哦!

- **少吃一顿饭或饿肚子的状态下，再吃饭时很容易过量。**经常暴饮暴食会降低基础代谢率，这样食物消化后多余的能量很容易转化成脂肪堆积在体内。健康地瘦身不是挨饿，而是养成每餐定时吃并注意均衡摄入各类营养素的习惯，这点不要忘记。

- **在体内逐渐蔓延、最终影响到健康的慢性炎症，其产生的主要原因在于内脏脂肪堆积和血液中的糖过多。**此外还有不经常运动以及吃饭太少导致新陈代谢过慢等因素。坚持吃富含抗氧化成分的洋葱和莓果，有规律地健身以及健康饮食，就能很好地预防炎症。

图书在版编目（CIP）数据

高效减脂：3 日、5 日排毒瘦身进阶计划 /（韩）郑世莲著；程匀译. -- 北京：中国轻工业出版社，2025. 4. --ISBN 978-7-5184-5210-1

Ⅰ. TS972.161

中国国家版本馆 CIP 数据核字第 2025UC6016 号

责任编辑：胡　佳　　　责任终审：高惠京

设计制作：锋尚设计　　责任校对：朱　慧　朱燕春　　责任监印：张京华

出版发行：中国轻工业出版社（北京鲁谷东街5号，邮编：100040）

印　　刷：北京博海升彩色印刷有限公司

经　　销：各地新华书店

版　　次：2025年4月第1版第1次印刷

开　　本：710 × 1000　1/16　印张：15.5

字　　数：300千字

书　　号：ISBN　978-7-5184-5210-1　定价：79.80元

邮购电话：010-85119873

发行电话：010-85119832　010-85119912

网　　址：http://www.chlip.com.cn

Email：club@chlip.com.cn

231972S1X101ZYW